競争と
社会の
非合理戦略

II

感情と認識

猪原健弘

勁草書房

はじめに ── 合理性・主観・非合理戦略

　ゲーム理論を代表とする，いわゆる「合理的な意思決定」についての理論は，これまで大きく発展してきたし，これからもさらに発展していくだろう．それは，私たちの生活が意思決定であふれており，適切な意思決定なしには，知り合いとの付き合いや家族関係の維持，あるいは企業組織や公的組織の存続もままならないからである．

　合理的意思決定の理論が想定している意思決定主体は「利己的」である．好意や嫌悪に導かれた思いやりや敵対心，あるいは，間違った認識を持っているかもしれないという迷いといった，私たちの主観的な面は考慮されず，自らにとってより望ましい結果を追い求める主体による意思決定だけが扱われているのである．もちろん，だからこそ，競争や社会の中での行動指針としては強力なのであり，理論としても大きく発展したのである．

　しかし，このような強力さとはうらはらに，合理的な意思決定に限界があるのも事実である．意思決定状況に巻き込まれている私たち意思決定主体が合理的であればあるほど，私たち全体，すなわち私たちの社会は非効率的になってしまう可能性があることが知られている．このような合理的意思決定の限界に直面してしまうと，「私たちは合理的に意思決定するべきなのだろうか」，あるいは「私たちの意思決定は合理的なのだろうか」と疑問を持たずにはいられない．実際私たちは，感情に流されて行動することもあるし，意思決定状況を間違って認識することもある．

　合理的にではなく，非合理的に振る舞ってみてはどうだろう．好きな人，嫌いな人と意思決定状況に巻き込まれたときでも，感情を表に出さず，合理的に振る舞うべきなのか．自分は状況を間違って認識しているかもしれない．そんな中で行動するときの指針となるものは何か．このような私たちの疑問に答えてくれるような理論がしだいに発展してきた．

　本書では，合理的な意思決定の考え方を踏まえたうえで，私たちの主観に導かれた非合理性をとりいれた意思決定が理論的にどのように扱われているかについて，最近の発展を紹介していく．

はじめに

　本書は，シリーズ「競争と社会の非合理戦略」のうちの1冊であり，主題を「感情と認識」として，主に感情や認識といった主観に伴う非合理戦略についての解説を行う．一方，姉妹書である「柔軟性と合理性 — 競争と社会の非合理戦略 I」では，合理的な意思決定の入門的な解説と柔軟性に基づく非合理戦略についての理論が紹介される．こちらも是非ご一読いただきたい．

　シリーズ「競争と社会の非合理戦略」は，読者として，

- 社会における意思決定の問題が，数理的にどのように記述され，どんなふうに分析され得るのかを知りたい文科系学科・専攻所属の学生

- 数理的な記述や分析が，社会における意思決定の問題にどの程度まで通用するのかを知りたい理科系学科・専攻所属の学生

- 多くの人が関わる意思決定を数理的に記述・分析してみたいと考えている知的好奇心が旺盛な社会人

を想定している．そして，このシリーズを読んだ皆さんに「意思決定」という分野に興味を持ってもらい，より深い学習・研究のきっかけにしてもらうことを目的としている．

　シリーズ「競争と社会の非合理戦略」では，意思決定についての記述・分析を厳密にするために，数理的な表現が必要不可欠であった．もちろん数理的な概念や記号を新しく導入するときにはその都度十分な説明を付けている．数学としては決して難しいものではなく，単に用語の定義や論理展開を明快にするために必要な程度のものなので，大学生・大学院生・社会人の方々であれば容易に読み進むことができる．

目 次

はじめに i
目次 iii
表目次 ix
図目次 xi

第1章 主観と意思決定　　3
1.1 感情と競争の意思決定 3
 1.1.1 マネージャーの意思決定 4
 1.1.2 感情と競争における情報交換 7
1.2 感情の安定性と社会の意思決定 8
 1.2.1 感情の安定性 9
 1.2.2 感情と社会における情報交換 10
1.3 相互認識と競争の意思決定 11
1.4 本書の構成 14

第I部 感情と競争の戦略　　17

第2章 競争と情報交換　　21
2.1 記号の準備 22
2.2 囚人のジレンマの状況とチキンゲームの状況 28
 2.2.1 標準形ゲームの定義 29
 2.2.2 標準形ゲームの分析 31

　　　　2.2.3　個人の合理性と社会の効率性の矛盾 33
　2.3　約束と脅し 33
　　　　2.3.1　誘導戦略の定義 34
　　　　2.3.2　誘導戦略の数 36
　2.4　情報の信頼性 37
　　　　2.4.1　誘惑の定義 38
　　　　2.4.2　誘惑の一意性 40

第3章　感情と競争　　43
　3.1　感情と情報交換 44
　　　　3.1.1　感情の定義と機能 44
　　　　3.1.2　主体の感情と情報の信頼性 46
　3.2　意思決定主体のモデル 48
　　　　3.2.1　決定関数・推論関数・実行関数 48
　　　　3.2.2　正直な主体, 信用する主体 50
　　　　3.2.3　合意している主体 52
　3.3　競争の状況の分析 53
　　　　3.3.1　完全に信用する主体の場合 53
　　　　3.3.2　主観的に信用する主体の場合 57
　　　　3.3.3　矛盾の克服 61

第II部　感情と社会の戦略　　65

第4章　感情の安定性　　69
　4.1　ハイダーの安定性とニューカムの安定性 69
　　　　4.1.1　主体の感情 70
　　　　4.1.2　ハイダーの安定性 70
　　　　4.1.3　ニューカムの安定性 72
　4.2　符号付きグラフ 72
　　　　4.2.1　符号付きグラフの定義 72

		4.2.2 安定性の表現	73

- 4.3 安定性の特徴付け 74
  - 4.3.1 分離可能性と集群化可能性 76
  - 4.3.2 集群化可能性とニューカムの安定性 78

第 5 章　会議と情報交換　　　　　　　　　　　　　　　83

- 5.1 会議の理論 83
  - 5.1.1 車選びと選挙 84
  - 5.1.2 会議の定義 86
  - 5.1.3 選択集団と選挙集団 88
- 5.2 説得と妥協 89
  - 5.2.1 会議の流れと情報交換 90
  - 5.2.2 感情の機能 90
  - 5.2.3 交渉整合性 92

第 6 章　感情と会議　　　　　　　　　　　　　　　　　95

- 6.1 会議の円滑化 95
  - 6.1.1 会議の停滞 96
  - 6.1.2 会議の停滞が起こらないための条件 97
- 6.2 議論の繰り返しが起こらないための条件 100
  - 6.2.1 主体の選好の間の距離 100
  - 6.2.2 妥協と議論の繰り返し 102
  - 6.2.3 同じ議論の繰り返しが起こらないための条件 104
- 6.3 選挙での情報交換と感情 107
  - 6.3.1 選択集団での交渉整合性と感情の安定性 107
  - 6.3.2 選挙集団での交渉整合性と感情の安定性 110
  - 6.3.3 逐次認定投票ルールの収束 118

第III部　相互認識と競争の戦略　　121

第7章　ハイパーゲーム　　125

- 7.1 ハイパーゲームの定義 125
  - 7.1.1 単純ハイパーゲームの例 126
  - 7.1.2 主体の列と認識の階層 130
  - 7.1.3 一般ハイパーゲームの定義 131
- 7.2 ハイパーゲームの分析 132
  - 7.2.1 「均衡」とは？ 132
  - 7.2.2 一般ハイパーゲームでのナッシュ均衡 134
- 7.3 ハイパーゲームの枠組の欠点と改善 138
  - 7.3.1 ハイパーゲームの枠組の問題点 138
  - 7.3.2 「誤認識」から「相互認識」へ 140

第8章　相互認識　　143

- 8.1 相互認識の数理 144
  - 8.1.1 誤認識と相互認識 144
  - 8.1.2 認識体系の定義 145
  - 8.1.3 認識体系の特定定理 147
- 8.2 認識体系の分解 148
  - 8.2.1 認識体系の制限 148
  - 8.2.2 認識体系の正規化 149
  - 8.2.3 認識体系の分解定理 153
- 8.3 認識体系の性質 154
  - 8.3.1 共有知識と内部共有知識 155
  - 8.3.2 認識体系の合成と共通部分 162

第9章　相互認識と競争　　165

- 9.1 意思決定状況についての認識体系とその合成 166
  - 9.1.1 意思決定状況についての認識体系 166

		9.1.2 戦略間関係	166
		9.1.3 意思決定状況の合成	168
9.2	相互認識と情報交換		172
		9.2.1 情報コンベア	172
		9.2.2 情報交換に伴う認識体系の修正	176
		9.2.3 情報コンベアの決定性	179
9.3	戦略的情報操作の不可能性		185
		9.3.1 戦略的な情報操作	185
		9.3.2 内部不可能性と外部不可能性	186
		9.3.3 情報操作の不可能性	187
9.4	相互認識的均衡		192
		9.4.1 最終選択の認識体系	193
		9.4.2 相互認識的均衡の定義	194
		9.4.3 相互認識的均衡とナッシュ均衡	195

参 考 文 献 203
お わ り に 211
索　引 213

表目次

1.1	プロジェクトの利益（好況時）	5
1.2	プロジェクトの利益（不況時）	5
1.3	各事業部の利益（好況時）	6
1.4	各事業部の利益（不況時）	6
1.5	車に対する好み	10
1.6	男女の争いの状況	12
1.7	女が認識している状況1	12
1.8	女が認識している状況2（彼女が男の家に行く場合）	13
1.9	女が認識している状況2（彼女が男の家に行かない場合）	13
1.10	男が認識している状況	14
2.1	競争の意思決定の状況（囚人のジレンマの状況）	30
2.2	競争の意思決定の状況（チキンゲームの状況）	31
2.3	囚人のジレンマの状況における誘惑	39
2.4	チキンゲームの状況における誘惑	40
4.1	感情の掛け算	70
5.1	車に対する好み	84
7.1	企業 A と企業 B の競争	126
7.2	企業 A の状況の認識1	127
7.3	企業 A の状況の認識2（企業 C が投資する場合）	128

7.4	企業 A の状況の認識2（企業 C が投資しない場合）	128
7.5	男女の争いの状況	133
7.6	意思決定状況 G_α	136
7.7	意思決定状況 G_β	136
9.1	商品 α についての状況: $\mathbf{g}^\alpha$	169
9.2	商品 β についての状況: $\mathbf{g}^\beta$	169
9.3	G_α と G_β の合成	170

図 目 次

1.1	感情の組み合わせ	9
3.1	主体の意思決定方法	48
4.1	主体 i から見た3つの感情	71
4.2	符号付きグラフの例	73
4.3	分離可能な集団	77
4.4	集群化可能な集団	78
6.1	擬ー集群化可能な集団	112
6.2	定理 6.4 の証明 1	114
6.3	定理 6.4 の証明 2	116
9.1	体系関数, 視界関数, 認識関数の間の関係	179

感情と認識

競争と社会の非合理戦略 II

第1章　主観と意思決定

　競争的な意思決定の中にも社会が生まれ，社会的な意思決定の中にも競争が存在する．「競争と社会の非合理戦略」というタイトルの中の「競争」と「社会」という用語は，意思決定のこのような捉え方を反映している．本書の姉妹書である「柔軟性と合理性 — 競争と社会の非合理戦略Ⅰ」では，競争の意思決定と社会の意思決定の両者における合理的な意思決定の強力さとそれが持つ矛盾を明らかにし，その矛盾を柔軟性から導かれる非合理戦略で克服する試みを紹介した．

　本書のテーマも「非合理戦略」である．しかし本書で考えるのは，柔軟性ではなく，意思決定主体の主観によって導かれる非合理戦略である．つまり，意思決定主体が互いに他者に対して持っている「感情」や，各主体が持っている状況や他者についての「認識」から導かれる非合理戦略についての理論を紹介するのが本書の目的である．

　この章では次章以降の内容のイメージをつかむために，感情や認識という主体の主観的な側面が，競争と社会の意思決定の中にどのように現れ，どのような作用を持ち，最終的な結果にどのような影響を与えるのかについての例を見ていくことにしよう．

1.1　感情と競争の意思決定

　競争の意思決定の状況の代表例として「囚人のジレンマの状況」や「チキンゲームの状況」があることは，姉妹書「柔軟性と合理性 — 競争と社会の非合理戦略Ⅰ」で述べた通りである．ここでは，より現実的な意思決定状況の中にもこ

れらの状況が現れることを見たうえで，これらの状況における感情の作用について概観しよう．

1.1.1 マネージャーの意思決定

ここで考えるのは，ある会社の2つの事業部のマネージャーの意思決定である．

ある会社には事業部 A と事業部 B があり，事業部それぞれには，その事業部全体の運営を取り仕切っているマネージャーがいる．今回，この2つの事業部が共同で，1年間のプロジェクトを運営することになった．プロジェクトの立ち上げや維持にかかる費用とプロジェクトから得られる利益は2事業部で等分する．両事業部はそれぞれ1名の社員をこのプロジェクトに派遣し，プロジェクトに参加した社員の報酬はその社員が属する事業部が負担することになっている．プロジェクトに派遣する社員を選出するのは，各事業部のマネージャーである．

派遣する社員の候補を考えてみると，どちらの事業部においても，優秀な社員と平均的な社員の2人に絞られた．プロジェクトに派遣された社員の報酬は，その社員が属している事業部が負担することになっているので，どちらの社員を派遣したとしても社員の報酬として各事業部が負担する金額の総和は変わらない．一方，プロジェクトから生み出される利益は，景気の善し悪しと，そのプロジェクトに参加している2人の社員が優秀か平均的かによって変わってくる．このプロジェクトでは，表 1.1 と表 1.2 のように利益が見込まれている．ただし利益は「千万円」単位で書き込まれている．

つまり，好況のときには，両方の事業部ともが優秀な社員を派遣した場合の利益は1億4千万円であり，一方の事業部からは優秀な社員，他方からは平均的な社員が派遣された場合には1億円である．両事業部から平均的な社員が派遣された場合は6千万円しか利益が見込まれない．一方，不況の場合には，両方の事業部が優秀な社員を派遣

1.1. 感情と競争の意思決定

表 1.1: プロジェクトの利益（好況時）

意思決定主体		事業部 B	
	戦略	優秀	平均
事業部 A	優秀	14	10
	平均	10	6

表 1.2: プロジェクトの利益（不況時）

意思決定主体		事業部 B	
	戦略	優秀	平均
事業部 A	優秀	12	10
	平均	10	4

した場合は1億2千万円，一方の事業部だけが優秀な社員を派遣した場合には1億円，両事業部から平均的な社員が派遣された場合は4千万円の利益が見込まれている．どのような場合にも，各事業部にはこれらの利益の半分が入る．

さらに，ある社員をプロジェクトに派遣すると，プロジェクトに派遣しなかった場合に得られるはずだった事業部内での業績が失われる．各社員の事業部内での業績の見積もりは，両事業部の社員とも，好況のときには優秀社員は4千万円，平均的な社員は1千万円であり，不況のときには優秀な社員は3千万円，平均的な社員は1千万円である．

さて，プロジェクトに派遣する社員を選択するために，各事業部から派遣される社員の組み合わせに応じた，正味の利益を計算してみよう．これは，

（事業部がプロジェクトから得る利益）−（事業部内での社員の業績）

で計算される．この結果を再び表の形で書くと表 1.3 と表 1.4 のようになる．ただし，各マス目には各事業部の利益が「千万円」単位で書き込まれている．左側の数字が事業部 A, 右側の数字が事業部 B の利益を表すものとする．

表 1.3: 各事業部の利益（好況時）

意思決定主体		事業部 B	
	戦略	優秀	平均
事業部 A	優秀	3, 3	1, 4
	平均	4, 1	2, 2

表 1.4: 各事業部の利益（不況時）

意思決定主体		事業部 B	
	戦略	優秀	平均
事業部 A	優秀	3, 3	2, 4
	平均	4, 2	1, 1

　各事業部が優秀あるいは平均的な社員を選ぶと，その組み合わせによって各事業部の利益が決まる．例えば，好況の場合に事業部 A が優秀な社員を選択し，事業部 B が平均的な社員を選択すれば，事業部 A は 1 千万円，事業部 B は 4 千万円の利益をあげる．

　好況の場合の意思決定状況は囚人のジレンマの状況そのものである．各事業部のマネージャーが合理的に行動すると（平均, 平均）が達成される．しかしこれは（優秀, 優秀）よりも両方の事業部にとって望ましくない．仮に両方の主体が（優秀, 優秀）という結果を導きたいと考えていても，お互いが選択を変える誘因を持つため，結局は（平均, 平均）に陥ってしまう．また，不況の場合の意思決定状況はチキンゲームの状況になっている．ここでは（平均, 優秀）と（優

秀, 平均) の 2 つの合理的な結果がある. しかし, このうちのいずれが達成されるのかはわからない. 両方の主体の選択がかみあわず (平均, 平均) が達成されてしまうと両者にとって最悪である. これを避けようとすると (優秀, 優秀) が達成されることが予想されるが, このときには両者とも選択を変える誘因を持つので, 結局 (平均, 平均) が達成される可能性がなくならない.

1.1.2 感情と競争における情報交換

競争の意思決定における感情の作用はさまざまに考えられる. しかし本書では, 意思決定主体の間の情報交換に対する感情の作用だけを考える. ここで考える情報交換は「約束」と「脅し」からなるものである. 上のマネージャーの意思決定のうち好況時のものを例にとって, 情報交換とそれに対する感情の作用がどのようなものか見てみよう.

今, 事業部 A のマネージャーが事業部 B のマネージャーから次のような申し出を受けたとしよう.

> 今回のプロジェクトの件ですが, 事業部 A さんは優秀な社員を派遣して下さいませんか. そのときには私ども事業部 B でも優秀な社員を派遣します. しかし, もし事業部 A さんが平均的な社員を派遣するとおっしゃるなら, 私どもも平均的な社員を派遣することになります.

このメッセージは,

> 事業部 A が優秀を選ぶなら事業部 B も優秀を選ぶ. そうでなければ事業部 B は平均を選ぶ.

という意味だと考えてよい. この前半部分が約束, 後半部分が脅しと呼ばれる部分である. では, この申し出を事業部 A のマネージャーはどのように受け止めるだろうか. この内容は信じていいものだろうか.

ここで考える感情は, 「情報の信頼性を上げる作用」を持つと考える. 例えば, 通常であれば「事業部 A が優秀を選ぶなら事業部 B も優秀を選ぶ」とい

う約束は信じられない．なぜなら，事業部 A が優秀を選ぶときには，事業部 B は平均を選んだ方が得だからである．つまり，この約束は信頼性が低い．このような「信頼性が低い約束」の信頼性を上げる機能を持つものとして「肯定的な感情」を考えるのである．つまり，もし事業部 B のマネージャーが事業部 A のマネージャーに対して肯定的な感情を持っている場合には，事業部 A のマネージャーは「事業部 A が優秀を選ぶなら事業部 B も優秀を選ぶ」といった信頼性の低い情報も信じるのである．同じように，「信頼性の低い脅し」という情報も考えられ，この情報の信頼性を上げる機能を持つものとして「否定的な感情」を考える．もし事業部 B のマネージャーが事業部 A のマネージャーに対して否定的な感情を持っている場合には，事業部 A のマネージャーは事業部 B のマネージャーが発した信頼性の低い脅しも信じるとするわけである．

このように本書では，競争の意思決定において感情の2つのタイプ，すなわち肯定的な感情と否定的な感情を考え，それぞれは「信頼性が低い約束」と「信頼性が低い脅し」の信頼性を向上させるという機能を持つと想定する．そのうえで，情報交換の後に各意思決定主体がどのような行動を選択し，最終的に全体としてどのような結果が達成されるのかを分析していくことになる．

1.2　感情の安定性と社会の意思決定

前節では競争の意思決定の中での感情の作用について説明した．一方，以下で説明するように，社会の意思決定の中にも感情の作用を考えることができる．つまり，競争であれ社会であれ，意思決定状況に複数の主体が集まれば，それらの主体はやがて互いに他者に対して感情を持つようになり，その感情は意思決定に対して影響を及ぼすことになるのである．では，主体の感情は全体としてどのような構造を持つだろうか．社会の意思決定の中での感情の作用について考える前に，主体の感情全体の構造についての理論を見ておこう．

1.2.1 感情の安定性

社会心理学の理論の1つに，バランス理論がある．バランス理論は複数の主体が持つ感情が全体としてどのような状態に落ちつきやすいかについての理論である．この理論は，ハイダーをはじめとする多くの研究者の貢献によって発展してきた．

3人の主体 P, Q, R が互いに他者に対して，肯定的あるいは否定的な感情を持っている状況を考える．今，「P から Q への感情」，「Q から R への感情」，「P から R への感情」という3つの感情に対して，それらの感情が肯定的なときには「＋」の符号を，否定的なときには「－」の符号を割り当てるとすると，図1.1のような8通りの組み合わせが可能である．

図 1.1: 感情の組み合わせ

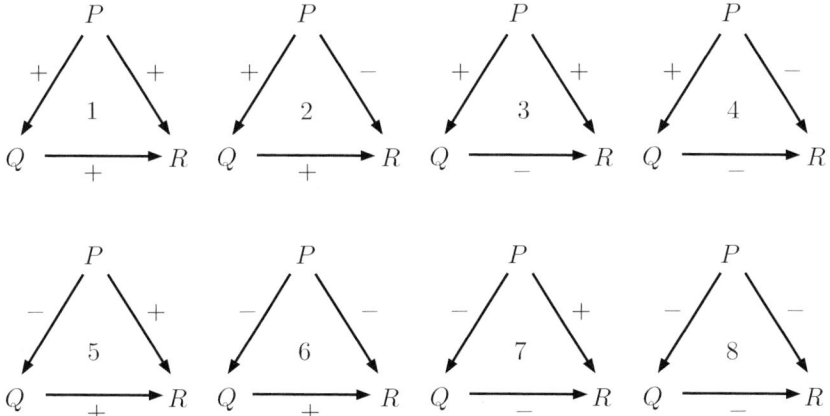

3人の主体のこれらの関係のうち，P から見て安定していると考えられるのはどれだろうか．これがバランス理論の主要な問題である．この問いに対する答えはいろいろな説があるが，ハイダーの説によれば

　　3人の間にある符号の積をとり，その結果が「＋」であればこの3

人の関係は安定していて，逆に「−」であれば安定していない

となる．すなわち，上記の 1，4，6，7 が安定であり，2，3，5，8 は安定していない，というわけである．本書では，このような感情の構造と社会の意思決定との関係を明らかにしていく．

1.2.2 感情と社会における情報交換

姉妹書「柔軟性と合理性 — 競争と社会の非合理戦略 I」と同様に，本書でも，社会の意思決定として，特に会議における意思決定を扱っていく．本書では会議を，主体，採決のルール，代替案，主体の選好という要素に，さらに主体の感情という側面を加えてモデル化し，会議における感情の影響について議論していく．

通常，会議は，大きく「問題認識」，「情報交換」，「採決」という3つの場面に分けることができる．本書で特に注目するのは情報交換の場面である．競争の意思決定のときと同じように，会議においても情報交換には感情が影響してくる．会議の例として「父親」，「母親」，「長男」の3人による車選びの会議の状況を考えてみよう．候補に挙がっているのは「白いセダン (W)」，「シルバーのワゴン (S)」，「赤いスポーツ (R)」である．この3種類の車のうち，最終的に過半数，つまり2人以上の支持した車が選ばれるとする．3人の車に対する好みは表 1.5 のようになっているとする．ただし，各主体にとって上にある車ほど好ましいとする．

この例では，それぞれ自分の好みの車を買いたいと考えている3人の好みは

表 1.5: 車に対する好み

父親	母親	長男
W	S	R
S	R	W
R	W	S

完全に異なっている．しかし全体としては，なんとかして買うべき車を選ばなければならない．そこで3人はそれぞれ，説得によって他者の妥協を引き出そうとする．この説得がここで考える情報交換であり，説得を受けた主体が妥協するかどうかに影響を与えるのが感情であるとするわけである．具体的には，本書では，肯定的な感情は妥協を引き出す作用を持ち，否定的な感情は妥協を引き出さないと考える．

　例えば父親は長男の好みを変えるために長男を説得する．また長男は母親と話し合って妥協を引き出そうとする．このとき，例えば，母親が長男に肯定的な感情を持っていれば母親は妥協しやすいし，また長男が父親に対して否定的な感情を持っているなら，父親が長男をいくら説得しても長男は妥協しないと考えられる．

　主体の間のこのような情報交換が進んでいくと，全体の好みがだんだんと集約されていく．本書では，主体が持つ感情と会議の結果との関係を明らかにしていく．

1.3　相互認識と競争の意思決定

　前節までの話は，意思決定主体の主観によって導かれる非合理戦略のうち，各主体が互いに他者に対して持っている感情によって導かれるものについてであった．本書ではもう1つ，各主体が持っている，意思決定状況や他者についての認識から導かれる非合理戦略を扱う．

　通常の意思決定の議論においては，主体は意思決定状況や他の主体について正しい認識を持っているということが仮定される．競争の意思決定の状況でいえば，意思決定状況に巻き込まれている各主体は，その状況にどの主体が巻き込まれているか，またその主体たちがどのような戦略を持っていて，どのような選好を持っているかについて正しい認識を持っていると仮定されるのである．しかし現実の意思決定の状況においては，誰が意思決定主体で，その主体がどんな戦略を持っていて，どんな好みを持っているかについて正しく認識していない場合が多い．例として，男女の争いの状況と呼ばれる競争の意思決定の状況を考

えよう．

　　あるカップルが次のデートの相談をしている．男女とも，1人でいるよりは2人でいたいと思っているが，男はバレエよりボクシングを，女はボクシングよりバレエを見に行きたいと思っている．

　これが通常の男女の争いの状況のストーリーである．この状況は表1.6のように表現される．

表 1.6: 男女の争いの状況

主体		女	
	戦略	バレエ	ボクシング
男	バレエ	3, 4	1, 1
	ボクシング	2, 2	4, 3

　通常は，各主体は自分が巻き込まれている状況を正しく認識しているという想定のもとで分析が進む．しかし実際には，各主体が状況を正しく認識しているとは限らない．例えば女は男の戦略を誤解して，「男は家に1人でいたいのではないか」と考えているかもしれない．このとき女は，上のように表現される状況ではなく，表1.7で表現される状況を認識していることになる．

表 1.7: 女が認識している状況1

主体		女	
	戦略	バレエ	ボクシング
男	バレエ	3, 4	1, 1
	ボクシング	2, 2	4, 3
	家にいる	4, 2	4, 1

1.3. 相互認識と競争の意思決定

あるいは女は，意思決定状況に巻き込まれている主体を誤解して，「男にはもう1人彼女がいて，その彼女が男の家に遊びに来るかもしれないのではないか」と疑っているかもしれない．そのときには，女は，表 1.8 と表 1.9 で表現される状況を認識していることになる．ただし表 1.8 が「彼女が男の家に行く」場合，表 1.9 が「彼女が男の家に行かない」場合を表す．2つの表で1つの意思決定状況を表していることに注意してほしい．

表 1.8: 女が認識している状況 2 （彼女が男の家に行く場合）

主体		女	
	戦略	バレエ	ボクシング
男	バレエ	3, 4, 1	1, 1, 1
	ボクシング	2, 2, 1	4, 3, 1
	家にいる	4, 2, 4	4, 1, 4

表 1.9: 女が認識している状況 2 （彼女が男の家に行かない場合）

主体		女	
	戦略	バレエ	ボクシング
男	バレエ	3, 4, 3	1, 1, 3
	ボクシング	2, 2, 3	4, 3, 3
	家にいる	1, 2, 2	1, 1, 2

一方，男は女の選好を誤解して，「女にとって自分はどうでもいい存在で，女はただ単にバレエが見に行きたいだけかもしれない」と考えているかもしれない．このときの男の認識は，表 1.10 で表現される状況になる．

この例のように，現実の主体は自らの主観的な認識を持ち，それが間違っている可能性を知りながら意思決定に臨んでいることが多い．また，適切な意思決定

表 1.10: 男が認識している状況

主体		女	
	戦略	バレエ	ボクシング
男	バレエ	3, 3	1, 2
	ボクシング	2, 4	4, 1

を行うために,「他者が持っている認識」についての認識を持ち,それを正しいものに近づけようとしている.その認識には,「他者が持っている自分についての認識」や「他者が持っている第三者についての認識」についての認識が含まれる.

このように,各主体が認識を相互に持ち合っている状態は「相互認識」という言葉で表現され,理論的な分析が進んでいる.本書では,競争の意思決定の状況における相互認識に関する議論を紹介する.

1.4 本書の構成

本書では,意思決定主体がとり得る非合理戦略のうち,特に主観が導く非合理戦略についての理論を紹介する.前の3つの節で見たように,主観として「感情」と「相互認識」の2つの側面を考える.感情についてはさらに「競争の意思決定」におけるものと「社会の意思決定」におけるものとに分けて議論する.本書では,後の8章を3つの部に分け,これらそれぞれについての理論を紹介していくことになる.

まず第 I 部は「感情と競争の戦略」として,競争の意思決定における感情の役割についての理論を扱う.ここではソフトゲーム理論に基づいて,囚人のジレンマの状況やチキンゲームの状況における「個人の合理性と社会の効率性の矛盾」を,感情が導く非合理戦略で克服しようとする試みを紹介する.第2章では,囚人のジレンマの状況やチキンゲームの状況における「個人の合理性と社

1.4. 本書の構成

会の効率性の矛盾」について説明し，これらの状況に情報交換を導入する．次の第3章では，感情が持つ情報交換に対する作用について述べ，感情が導く非合理戦略によって，「個人の合理性と社会の効率性の矛盾」を克服できる可能性について議論していく．

第II部は「感情と社会の戦略」として，社会の意思決定の中での感情の役割についての理論が紹介される．感情の構造と情報交換，そして社会の意思決定の間の関係が議論される．はじめの第4章は，感情の安定性についての理論の紹介である．感情の構造をグラフ理論を用いて表現し，安定な構造の特徴付けを行う．第5章は，社会の意思決定，特に会議の数理的な表現方法を紹介し，さらに情報交換の側面を導入する．第6章では，感情の情報交換に対する影響を考え，会議が円滑に進むための条件や，十分に情報交換が行われるための条件についての知見が紹介される．

第III部は「相互認識と競争の戦略」と題して，相互認識に導かれる非合理戦略と競争の意思決定の間の関係について扱っている理論が紹介される．第7章では，意思決定主体の認識の側面を明示的に扱うことができるハイパーゲーム理論の枠組が紹介される．第8章では，ハイパーゲーム理論の不完全な部分を改善するために「相互認識」や「認識体系」といった考え方が導入され，その数理的な枠組が扱われる．最後の第9章では，相互認識の考え方を競争の意思決定の状況に適用することで得られる知見や，相互認識的均衡という新しい解の概念とナッシュ均衡との関係が紹介される．

第Ⅰ部

感情と競争の戦略

第 I 部「感情と競争の戦略」では，競争の意思決定における感情の役割についての理論としてソフトゲーム理論を紹介する．ソフトゲーム理論については，姉妹書「柔軟性と合理性 — 競争と社会の非合理戦略 I」の第 5 章ですでに概説した．ここでは，ソフトゲーム理論の数理的な部分をより詳しく扱い，囚人のジレンマの状況やチキンゲームの状況における「個人の合理性と社会の効率性の矛盾」が，感情によって導かれる非合理戦略でどのように克服されるかを詳説する．

　まず第 2 章「競争と情報交換」で，囚人のジレンマの状況やチキンゲームの状況における「個人の合理性と社会の効率性の矛盾」について復習する．さらにソフトゲーム理論で扱われる「誘導戦略」というタイプの情報交換の定義を数理的に厳密な形で紹介する．主体が発することができる誘導戦略の数や，情報の信頼性の表現の仕方など，ソフトゲーム理論を用いて競争の意思決定の状況を分析する際の基礎となる事柄について見る．

　第 3 章「感情と競争」では，感情が持っている情報交換に対する作用や情報の主観的な信頼性について紹介する．さらに，感情によって影響を受ける意思決定主体を数理的に厳密に表現したうえで，囚人のジレンマの状況やチキンゲームの状況を分析し，感情が導く非合理戦略によって「個人の合理性と社会の効率性の矛盾」が克服できる可能性を見る．

　これらの章の内容についての理解には，Howard [27, 32], Inohara and Nakano [33], Inohara [42] などの参考文献が役に立つだろう．

第 2 章　競争と情報交換

　この章では，競争の意思決定における主体の間の情報交換を，ソフトゲーム理論における議論に沿って解説していく．ここでも，姉妹書「柔軟性と合理性 ─ 競争と社会の非合理戦略 I」の第 I 部と同様，囚人のジレンマの状況やチキンゲームの状況に潜んでいる「個人の合理性と社会の効率性の矛盾」の克服に中心的な興味がある．ソフトゲーム理論では，この「個人の合理性と社会の効率性の矛盾」の克服を，主体の間の情報交換と主体が持っている感情をもとに達成しようとする．この章で，主体の間の情報交換がどのように行われるのか，また，交換された情報の信頼性がどのように表現されるのかを理解してほしい．交換された情報に対する感情の作用や主体の意思決定のモデルについては第 3 章で解説する．

　ソフトゲーム理論については，すでに，姉妹書「柔軟性と合理性 ─ 競争と社会の非合理戦略 I」の第 5 章で概説した．ここでは，主体の間の情報交換が数理的により厳密に定義され，情報交換の種類や信頼性などが数理的により詳細に分析されることになる．また，競争の意思決定の状況の数理的な記述には，姉妹書「柔軟性と合理性 ─ 競争と社会の非合理戦略 I」の第 2 章で紹介した標準形ゲームの枠組を用いる．これらの定義や分析，そして厳密な議論には数理的な記号が欠かせないので，まず数理的な記号の準備から入ろう．これらは本書を通じて用いるものなので，必要に応じて参照してほしい．

2.1　記号の準備

　競争の意思決定の状況の数理的な表現や，主体の間の情報交換，そして主体が持っている感情の表現には，以下のような数理的な記号や概念を用いる．

- **集合** ── 「もの」の集まり．

  意思決定主体の集まりや，各主体が持っている戦略などを扱う場合に用い，通常はアルファベットの大文字で表す．例えば，$N = \{1, 2, \ldots, n\}$ であれば，N は 1 から n までの整数の集合を表す．これは，

  $$N = \{i \mid i \text{ は } 1 \text{ から } n \text{ までの整数}\}$$

  と書いてもよい．特別な集合として「空（から）」の集合を考え，これを「空集合（くうしゅうごう）」と呼び，$\emptyset$ という記号で表す．

- **要素** ── ある「もの」がある集合に属しているとき，その「もの」はその集合の要素である，あるいは，その「もの」はその集合に属している，という．

  1 人の意思決定主体や，主体が持っている 1 つの戦略などを扱うときに用い，通常はアルファベットの小文字で表す．例えば，「i は集合 N の要素である」という．このことは記号で $i \in N$ と書かれる．i が N の要素ではないことは $i \notin N$ で表す．

  特に，空集合 $\emptyset$ は要素を 1 つも持たない集合である．

- **集合の大きさ** ── 集合の中に含まれている要素の数．

  意思決定状況に巻き込まれている主体の数や各主体が持っている戦略の数を問題にする場合に用いる．例えば，$N = \{1, 2, \ldots, n\}$ という集合を考えると，集合 N の大きさは n であるという．これを $|N| = n$ と表す．集合が無限の要素を持つ場合には，$|N| = \infty$ と表し，また，空集合 $\emptyset$ に対してはその大きさは 0 である．

2.1. 記号の準備

- **部分集合** — 2つの集合を考えて，一方の集合のすべての要素がもう一方の集合の要素になっているとき，前者は後者の部分集合であるという．

  ある状況に巻き込まれている意思決定主体の中の一部分だけを考える場合や，各主体の戦略のうち特別なものだけを考える場合に用いる．例えば，2つの集合 N と M を考えて，M の要素すべてが N の要素になっているとき，M は N の部分集合である．このことは，$M \subset N$ と表される．特に，空集合 $\emptyset$ は，どんな集合についても，その部分集合である．

- **部分集合の族** — ある集合の部分集合のうちのいくつかの集まり．

  「一定の数以上からなる主体の集まり」など，ある条件を満たす主体の集まりをすべて考えたい場合などに用いる．例えば，$N = \{1, 2, 3\}$ を考えると，その部分集合としては，$\emptyset, \{1\}, \{2\}, \{3\}, \{1,2\}, \{2,3\}, \{3,1\}, \{1,2,3\}$ の 8 つが考えられる．このうちのいくつかをまとめて考えるときには，例えば，$W = \{\{1\}, \{1,2\}, \{3,1\}, \{1,2,3\}\}$ という，部分集合の族 W を用いる．集合 N のある部分集合 S が族 W に入っていることは，$S \in W$ と書く．例えば，上の例では，$\{1,2\} \in W$ である．また，特に，ある集合の部分集合全体の族を，その集合のべき集合と呼ぶ．集合 $N = \{1, 2, 3\}$ であれば，そのべき集合は，$\{\emptyset, \{1\}, \{2\}, \{3\}, \{1,2\}, \{2,3\}, \{3,1\}, \{1,2,3\}\}$ であり，これは記号で $P(N)$ と表される．

- **添え字** — ある集合の要素それぞれに集合や他の集合の要素が対応付けられている場合，上付きの添え字や下付きの添え字を使う．

  戦略や選好などがどの主体のものかを明示したい場合などに用いる．例えば，$N = \{1, 2, \ldots, n\}$ の要素 $i \in N$ に対してある集合やその要素が対応付けられているときには，例えば R_i, s_i などと書く．これによって，R_1, R_2, $\ldots$, R_n や，$s_1, s_2, \ldots, s_n$ などのすべてを考えることができる．さらに，添え字を重ねることもできる，例えば，N の要素 $i, j \in N$ に対して e_{ij} とすると，$e_{11}, \ldots, e_{1n}, e_{21}, \ldots, e_{2n}, \ldots, e_{n1}, \ldots, e_{nn}$ のそれぞれを考えることができる．

- **和集合**

  複数の集合を考え，そのうちのいずれかの集合に属している要素をすべて集めた集合を，元の複数の集合の「和集合」という．例えば，集合 $N = \{1, 2, \ldots, n\}$ の要素によって添え字付けられている複数の集合 N_1, N_2, $\ldots$, N_n を考える．これらの集合の和集合は，

  $$\{x \mid x \in N_1 \text{ または } x \in N_2 \text{ または } \cdots \text{ または } x \in N_n\}$$

  と定義され，$N_1 \cup N_2 \cup \cdots \cup N_n$，あるいは $\bigcup_{i \in N} N_i$ で表す．

- **積集合**

  複数の集合を考え，それらすべての集合に属している要素全体の集合を，元の複数の集合の「積集合」という．例えば，集合 $N = \{1, 2, \ldots, n\}$ の要素によって添え字付けられている複数の集合 N_1, N_2, $\ldots$, N_n を考える．これらの集合の積集合は，

  $$\{x \mid x \in N_1 \text{ かつ } x \in N_2 \text{ かつ } \cdots \text{ かつ } x \in N_n\}$$

  と定義され，$N_1 \cap N_2 \cap \cdots \cap N_n$，あるいは $\bigcap_{i \in N} N_i$ で表す．

- **差集合**

  任意の2つの集合 N と M を考え，N には属するが M には属していないような要素全体の集合を，N と M の差集合といい，$N \backslash M$ で表す．つまり，

  $$N \backslash M = \{x \mid x \in N \text{ かつ } x \notin M\}$$

  である．一般には $N \backslash M$ と $M \backslash N$ は等しくない．

- **集合の分割** —— ある集合の部分集合の族のうち，異なる要素同士は交わらず，また，すべての要素の和集合が元の集合になっているようなもの．

  集合 N の部分集合の族 $\beta = \{N_1, N_2, \ldots, N_m\}$ が，

    – $N_i \cap N_j = \emptyset \ (i \neq j)$ であり，

- $N = \cup_{i=1}^{m} N_i$ である

という2つの条件を満たしているとき，β は N の分割であるという．例えば，$N = \{1, 2, 3\}$ とすると，空集合を含まない N の分割としては，

$$\{\{1\}, \{2\}, \{3\}\}, \quad \{\{1, 2\}, \{3\}\},$$

$$\{\{1\}, \{2, 3\}\}, \quad \{\{2\}, \{1, 3\}\}, \quad \{\{1, 2, 3\}\}$$

の5つがある．

- **直積集合** ── 複数の集合がある場合に，各集合の要素を1つずつとり，並べたものを考えることができる．

  意思決定主体による戦略の選択の組み合わせ全体の集合などを考えたい場合に用いる．例えば，$N = \{1, 2, \ldots, n\}$ の各要素 i に対して集合 S_i があるとする（つまり，$S_1, S_2, \ldots, S_n$ がある）．各 i について S_i の要素 s_i をとり，それを添え字に関して並べたもの $(s_1, s_2, \ldots, s_n)$ を1つの要素と見る．このような要素すべてを集めた集合を，$S_1, S_2, \ldots, S_n$ の直積集合といい，$S_1 \times S_2 \times \cdots \times S_n$，または $\prod_{i \in N} S_i$ で表す．$(s_1, s_2, \ldots, s_n)$ という要素の表し方として，次の2つがしばしば用いられる．1つは，集合 N の要素に対応して添え字が付いていることを使って，$(s_i)_{i \in N}$ と書く方法，もう1つは，ある特定の i を固定して，i 以外のものを並べたもの $(s_1, s_2, \ldots, s_{i-1}, s_{i+1}, \ldots, s_n)$ を s_{-i} と表し，(s_i, s_{-i}) と書く方法である．この場合，s_{-i} という要素をすべて集めた集合 $S_1 \times S_2 \times \cdots \times S_{i-1} \times S_{i+1} \times \cdots \times S_n$ は S_{-i} と書かれる．

- **順序** ── ある集合の要素に「順番」を付けることができる．

  各主体が持っている選好を表現するときなどに用いる．例えば，集合 S と，$S \times S$ の部分集合 R を考える．そして $S \times S$ の要素 (a, b) が R に属していること，つまり $(a, b) \in R$ を，「a は b と同じかそれより上の順番である」という意味であるとみなし，$a \, R \, b$ と書くのである．また，$a \, R \, b$ ではないことを $\neg (a \, R \, b)$ と書く．さらに，$a \, R \, b$ かつ $\neg (b \, R \, a)$ であることを $a \, P \, b$ と書き，$a \, P \, b$ ではないことを $\neg (a \, P \, b)$ と書く．

R が「順番」を表現していると考えるためには，R が一定の条件を満たしていることが必要である．この本では主に以下の 2 つの条件を考える．つまり，もし R が，

- **完備性** S のどんな 2 つの要素の組 $a, b \in S$ に対しても，$a R b$ または $b R a$ が成り立つ．
- **推移性** S のどんな 3 つの要素の組み合わせ $a, b, c \in S$ に対しても，もし $a R b$ かつ $b R c$ ならば $a R c$ である．

という 2 つの条件を満たしていれば，R のことを S 上の順序と呼ぶ．完備性は，どんな 2 つの要素も比較が可能であるということを表し，推移性は，順番に整合性があることを表している．さらに，もし，

- **反対称性** S のどんな 2 つの要素の組 $a, b \in S$ に対しても，もし $a R b$ かつ $b R a$ ならば $a = b$ である．

という条件が成り立つならば，R を S 上の線形順序と呼ぶ．反対称性は，順番を比較して同じになるのは，もともと同一の要素を比較したときだけであることを表している．

R を S 上の線形順序とし，S の要素 $a_1, a_2, \ldots, a_m$ に対して $R = (a_1, a_2, \ldots, a_m)$ と書いた場合，これは，$a_1 P a_2$ かつ $a_2 P a_3$ かつ $\cdots$ かつ $a_{m-2} P a_{m-1}$ かつ $a_{m-1} P a_m$ であることを表す．

- **関数** — ある集合の各要素をもう 1 つの集合の要素に対応付けるもの．

2 つの集合 X と Y が与えられているとする．f が，X の任意の要素に対して，Y の中のちょうど 1 つの要素を対応付ける場合，f を X から Y への関数と呼び，$f : X \to Y$ と書く．f によって X の要素 x に対応付けられている Y の要素を $f(x)$ と書く．

直積の考え方を用いると，X から Y への関数 f は，X と Y の直積集合 $X \times Y$ の部分集合 f のうち，

$$(\forall x \in X)(\exists ! y \in Y)((x, y) \in f)$$

という条件を満たすものとして定義できる．ただし ∃! は「唯一存在する」ことを表す記号である．f がこの条件を満たしていれば，確かに X の各要素に対して Y の要素がちょうど 1 つ対応付けられることがわかる．

- **関数の合成** — 複数の関数をつなげて新たな関数を定義すること．

  3 つの集合 X, Y, Z が与えられており，さらに，X から Y への関数 f と，Y から Z への関数 g が定義されているとする．すなわち，

  $$f : X \to Y \qquad g : Y \to Z$$

  とする．このとき，$g \circ f$ という X から Z への新しい関数を

  $$(g \circ f)(x) = g(f(x))$$

  として定義する．この関数 $g \circ f$ を「f と g の合成関数」と呼ぶ．$g \circ f$ が X から Z への関数になっていることは，

  - f が X から Y への関数であることから，どんな $x \in X$ に対しても $f(x)$ という Y の要素がちょうど 1 つだけ定まり，
  - さらに，g が Y から Z への関数であることから，$f(x) \in Y$ に対して $g(f(x))$ という Z の要素がちょうど 1 つだけ定まること，すなわち，
  - $g \circ f$ は，X の任意の要素に対して Z の要素をちょうど 1 つ対応付けている，

  ということからわかる．

- **距離** — ある集合の中の任意の 2 つの要素の間の離れ具合を表現する関数．

  集合 X の任意の 2 つの要素 x, y の組 (x, y) に実数を 1 つ対応付ける関数 d を考える．すなわち，d は $X \times X$ から $\mathbb{R}$ への関数である．関数 d が $(x, y) \in X \times X$ に対応付ける実数を $d(x, y)$ と書くことにする．このような関数 d のうち，

  - **非負性** 任意の $x \in X, y \in X$ に対して，$d(x, y) \geq 0$ であり，このうち $d(x, y) = 0$ であるのは $x = y$ であるとき，またそのときに限る．

- **対称性** 任意の $x \in X, y \in X$ に対して，$d(x,y) = d(y,x)$ である．
- **三角不等式** 任意の $x \in X, y \in X, z \in X$ に対して，$d(x,y) + d(y,z) \geq d(x,z)$ である．

という3つの条件を満たしているようなものを X 上の距離という．例えば，$X = \mathbb{R}$ とし，d を，任意の $x \in X, y \in X$ に対して，$d(x,y) = |x - y|$ と定義すれば，d は上の3つの条件を満たすので X 上の距離となる．

- ∀（任意の）と ∃（存在する） ── 任意性と存在性を表すために用いる．

意思決定に関する概念や性質を記述するときには，扱っている対象をはっきりさせる必要がある．そのためにしばしば，「どんな ～ に対しても …」や「ある ～ が存在して …」といった表現を用いる．これらの表現に対応する記号が，∀ と ∃ である．

例えば，集合 E を「偶数全体の集合」であるとする．このとき，

- 任意の $e \in E$ に対して，ある整数 n が存在して，$e = 2n$ を満たす．
- ある $e \in E$ が存在して，任意の整数 n に対して，$e \times n = 0$ を満たす．

という2つの命題を考える．これらを記号を用いて表すとそれぞれ以下のようになる．ただし，$\mathbb{Z}$ は整数全体の集合を表す．

- $(\forall e \in E)(\exists n \in \mathbb{Z})(e = 2n)$
- $(\exists e \in E)(\forall n \in \mathbb{Z})(e \times n = 0)$

注意するべき点は，∀ や ∃ のどちらを付けるか，あるいは，これらを付ける順番で言明が変わってくるということである．

2.2 囚人のジレンマの状況とチキンゲームの状況

この章では囚人のジレンマの状況とチキンゲームの状況を競争の意思決定の状況の例として用いて，主体の間の情報交換と主体が持っている感情の間の関

2.2. 囚人のジレンマの状況とチキンゲームの状況

係を解説していく．競争の意思決定の状況の数理的な表現の仕方と，これらの状況の中の「個人の合理性と社会の効率性の矛盾」を確認しておこう．この節の内容は，姉妹書「柔軟性と合理性 — 競争と社会の非合理戦略 I」の第 2 章に詳しく書かれているので参照してほしい．

2.2.1 標準形ゲームの定義

競争の意思決定の状況の数理的な表現の仕方の 1 つとして標準形ゲームがある．姉妹書「柔軟性と合理性 — 競争と社会の非合理戦略 I」の第 2 章で見たように，標準形ゲームは，主体，戦略，選好という 3 つの要素を特定することで表現される．

定義 2.1 (標準形ゲーム) 主体全体の集合を N，各主体 $i \in N$ の戦略全体の集合 S_i の直積集合を $S = \prod_{i \in N} S_i$，各主体 $i \in N$ の起こり得る結果に対する選好 R_i の組を $R = (R_i)_{i \in N}$ とする．標準形ゲームとは，組 (N, S, R) である．ただし，任意の $i \in N$ に対して，R_i は S 上の順序であるとする． □

囚人のジレンマの状況やチキンゲームの状況についても姉妹書「柔軟性と合理性 — 競争と社会の非合理戦略 I」の第 2 章で紹介した．これらは，標準形ゲームの定義に従って記述すると，それぞれ，

- **囚人のジレンマの状況**

  意思決定主体全体の集合：$N = \{$ 囚人 1, 囚人 2 $\}$

  各主体の戦略全体の集合：

  $$S_{囚人1} = \{ 黙秘, 自白 \}, \quad S_{囚人2} = \{ 黙秘, 自白 \}$$

  (起こり得る結果全体の集合 $S = S_{囚人1} \times S_{囚人2}$：

  $$S = \{(黙秘,黙秘), (黙秘,自白), (自白,黙秘), (自白,自白)\})$$

  各主体の選好：

  $$R_{囚人1} = ((自白,黙秘), (黙秘,黙秘), (自白,自白), (黙秘,自白))$$

$R_{囚人2}$ = ((黙秘, 自白), (黙秘, 黙秘), (自白, 自白), (自白, 黙秘))

- **チキンゲームの状況**

  意思決定主体全体の集合：N = { 若者1, 若者2 }

  各主体の戦略全体の集合：

  $$S_{若者1} = \{\text{避ける}, \text{避けない}\}, \quad S_{若者2} = \{\text{避ける}, \text{避けない}\}$$

  (起こり得る結果全体の集合 $S = S_{若者1} \times S_{若者2}$：

  $$S = \{(\text{避ける}, \text{避ける}), (\text{避ける}, \text{避けない}),\\ (\text{避けない}, \text{避ける}), (\text{避けない}, \text{避けない})\})$$

  各主体の選好：

  $R_{若者1}$ = ((避けない, 避ける), (避ける, 避ける),
  (避ける, 避けない), (避けない, 避けない))

  $R_{若者2}$ = ((避ける, 避けない), (避ける, 避ける),
  (避けない, 避ける), (避けない, 避けない))

となる．もちろんこれらは表を用いて表すこともできる．表 2.1 が囚人のジレンマの状況，表 2.2 がチキンゲームの状況である．

表 2.1: 競争の意思決定の状況（囚人のジレンマの状況）

主体		囚人2	
	戦略	黙秘	自白
囚人1	黙秘	3, 3	1, 4
	自白	4, 1	2, 2

2.2. 囚人のジレンマの状況とチキンゲームの状況

表 2.2: 競争の意思決定の状況（チキンゲームの状況）

主体		若者2	
	戦略	避ける	避けない
若者1	避ける	3, 3	2, 4
	避けない	4, 2	1, 1

2.2.2 標準形ゲームの分析

標準形ゲームは，支配戦略均衡，ナッシュ均衡，パレート最適性といった概念で分析することができる．これらの定義と囚人のジレンマの状況とチキンゲームの状況への適用を見よう．

相手の選択が何であるかによらず，自分のある戦略を選択することが他の戦略を選択するよりも自分にとって良い結果を導くとき，その戦略を支配戦略といい，すべての主体が支配戦略を選択することで達成される結果のことを支配戦略均衡という．

定義 2.2 (支配戦略) 任意の $i \in N$, 任意の $s_i^* \in S_i$ に対して，戦略 s_i^* が主体 i の支配戦略であるとは，任意の $s_{-i} \in S_{-i}$ に対して，

$$(s_i^*, s_{-i}) \ R_i \ (s_i, s_{-i})$$

が，任意の $s_i \in S_i$ に対して成り立つときをいう． □

定義 2.3 (支配戦略均衡) 任意の $s^* = (s_i^*)_{i \in N} \in S$ に対して，結果 s^* が支配戦略均衡であるとは，任意の $i \in N$ に対して，戦略 s_i^* が主体 i の支配戦略であるときをいう． □

囚人のジレンマの状況では，各主体が支配戦略を持つので支配戦略均衡が存在し，それは，(自白,自白) という結果である．一方，チキンゲームの状況では，どちらの主体も支配戦略を持たない．したがって，支配戦略均衡は存在しない．

どの主体も自分ひとりで戦略を変更しても得をしないということが成り立っているような結果のことをナッシュ均衡と呼ぶ．

定義 2.4 (ナッシュ均衡) 任意の $s^* = (s_i^*)_{i \in N} \in S$ に対して，結果 s^* がナッシュ均衡であるとは，任意の $i \in N$, 任意の $s_i \in S_i$ に対して，

$$(s_i^*, s_{-i}^*) \ R_i \ (s_i, s_{-i}^*)$$

であるときをいう． □

囚人のジレンマの状況では (自白, 自白) という結果が，チキンゲームの状況では，(避ける, 避けない), (避けない, 避ける) の 2 つの結果がナッシュ均衡である．

支配戦略均衡とナッシュ均衡が，個人の合理的行動を記述するための概念であるのに対し，次のパレート最適性は主体全体という社会にとっての規範を表現する概念である．ある結果がパレート最適であるとは，ある主体にとってより好ましい別の結果を達成しようとすると，必ず他の誰かにとっては望ましくなくなってしまう場合をいう．

定義 2.5 (パレート最適) 任意の $s^* = (s_i^*)_{i \in N} \in S$ に対して，結果 s^* がパレート最適であるとは，任意の $s \in S$ に対して，もしある $i \in N$ が存在して $s \ P_i \ s^*$ ならば，ある $j \in N$ が存在して，$s^* \ P_j \ s$ ということが成り立つ場合をいう． □

囚人のジレンマの状況では，

(黙秘, 黙秘), (自白, 黙秘), (黙秘, 自白)

の 3 つの結果が，チキンゲームの状況では

(避ける, 避ける), (避ける, 避けない), (避けない, 避ける)

の 3 つの結果がパレート最適である．

2.2.3 個人の合理性と社会の効率性の矛盾

支配戦略均衡とナッシュ均衡は個人の合理的な行動によって導かれる結果を表し，パレート最適性は主体全体という社会にとって効率的な結果を与える．もし，合理的な主体の行動が常にパレート最適な結果を導くのであれば何の問題もない．しかし，囚人のジレンマの状況やチキンゲームの状況では，このことが成り立たない可能性がある．

実際，囚人のジレンマの状況では，各主体の合理的な判断の結果である支配戦略均衡やナッシュ均衡はパレート最適ではない．また，チキンゲームの状況では，ナッシュ均衡が複数存在するため，各主体それぞれが合理的な判断をしてナッシュ均衡を達成するための戦略を選択したとしても，(避けない,避けない) という両者ともにとって最も好ましくなく，パレート最適でもない結果が達成されてしまう恐れがある．これが「個人の合理性と社会の効率性の矛盾」の可能性である．

2.3 約束と脅し

囚人のジレンマの状況では，各主体の合理的な判断の結果である支配戦略均衡やナッシュ均衡がパレート最適ではない．つまり，支配戦略均衡かつナッシュ均衡である (自白,自白) という結果よりも，(黙秘,黙秘) の結果の方が，両者ともにとって望ましいのである．しかし両者にとって，(黙秘,黙秘) を達成しようとするための戦略の選択は最も好ましくない結果を導く恐れがあり，また，相手が (黙秘,黙秘) を達成するための戦略を選択することがわかれば，自分は最も好ましい結果を導くチャンスを得ることができる．結局，(黙秘,黙秘) は達成されず，(自白,自白) が達成されることになるが，これは主体全体という社会にとっては効率的ではない．なんとか全体として望ましい結果である，(黙秘,黙秘) という結果を達成させることはできないだろうか．

チキンゲームの状況ではナッシュ均衡が複数あるために，各主体それぞれが合理的な判断をしてナッシュ均衡を達成するための戦略を選択したとしても，(避けない,避けない) という両者にとって最も好ましくない結果が達成されて

しまう恐れがある．また，もしどちらかのナッシュ均衡を達成するとしても，両者はそれぞれ違った結果を達成しようとするはずである．つまり両者とも「避けない」という戦略に固執するだろう．その結果，(避けない，避けない) という結果が達成されかねない．なんとかして，(避ける，避ける) という結果，少なくとも (避けない，避ける) か (避ける，避けない) という結果を達成し，最悪の結果である (避けない，避けない) を避けることはできないだろうか．

これらの問題を解決するために，主体の間の情報交換を用いることを考える．通常，囚人のジレンマの状況やチキンゲームの状況などの競争の意思決定の状況では，主体の間の情報交換を考慮せずに分析を行う．しかしここでは，各主体が戦略の選択をする前に情報交換をする機会が与えられているとして状況を分析する．ただし，交換される情報には何ら拘束力はないとする．つまり，嘘をついてもいいし，他者が発した情報を信じなくてもよいとするのである．

2.3.1 誘導戦略の定義

この先の分析は，一般的な競争の意思決定の状況ではなく，「2×2 のゲーム」と呼ばれる標準形ゲームで表現される状況だけを扱う．囚人のジレンマの状況とチキンゲームの状況は，2×2 のゲームの例である．

定義 2.6 (2×2 のゲーム) 標準形ゲーム (N, S, R) が 2×2 のゲームであるとは，$|N| = 2$ であり，かつ，任意の $i \in N$ に対して $|S_i| = 2$ であるときをいう． □

つまり，2×2 のゲームとは，それぞれ2つの戦略を持っているような2人の主体によって行われるゲームである．

ソフトゲーム理論では，「誘導戦略」というタイプの情報交換が扱われる．誘導戦略は「約束」と「脅し」の部分からなり，数理的には以下のように定義される．

定義 2.7 (誘導戦略) 2×2 のゲーム $G = (N, S, R)$ において，主体 $i \in N$ の誘導戦略 ι_i とは，結果 $p^i = (p^i_j)_{j \in N} \in S$ と戦略 $t_i \in S_i$ の組 (p^i, t_i) のうち，

任意の $j \in N \setminus \{i\}$, 任意の $s_{-i} \in S_{-i}$ に対して,

$$\neg((t_i, s_{-i}) \; P_j \; p^i) \tag{2.1}$$

が成り立っているようなものである. 主体 i の誘導戦略 $\iota_i = (p^i, t_i)$ に対して, 結果 p^i を主体 i の約束, 戦略 t_i を主体 i の脅しと呼ぶ. □

ソフトゲーム理論では, 主体 i の誘導戦略 $\iota_i = (p^i, t_i)$ を次のような情報として解釈する.

> もし私（主体 i）が,「他の主体が選択する戦略が p^i_{-i} である」と納得したら, 私は戦略 p^i_i を選択します. そうでない場合には, つまり, もし私（主体 i）が,「他の主体が選択する戦略が p^i_{-i} である」と納得できなければ, 私は戦略 t_i を選択します.

条件 (2.1) は, t_i が脅しとして有効であること, すなわち, もし主体 i が脅し t_i を選択してしまうと, 他の主体は, どんな戦略を選択したとしても, 主体 i が約束で指定している結果よりも望ましくない結果しか達成できなくなってしまう, ということを表している.

主体 $i \in N$ の誘導戦略全体の集合を I_i と書く. また, 任意の主体 $i \in N$ に対して ι_i を集めたものを ι と書く. ここでは特に $N = \{1, 2\}$ の場合を考えているので, $\iota = (\iota_1, \iota_2)$ である. ι 全体の集合を I と書く. つまり $I = I_1 \times I_2$ である. ソフトゲーム理論では, 主体は, 意思決定する前に誘導戦略を互いに交換すると想定する. さらに, 誘導戦略の交換は同時に行われ, 誘導戦略の交換後, 各主体は同時に戦略を選ぶと仮定する.

囚人のジレンマの状況やチキンゲームの状況では, 主体はどのような誘導戦略を持っているのだろうか. 順に見ていこう.

例 2.1 (囚人のジレンマの状況における誘導戦略) 囚人1の「黙秘」,「自白」という戦略をそれぞれ a_1, b_1, 囚人2の「黙秘」,「自白」という戦略をそれぞれ a_2, b_2 と書くことにすると, 囚人1, 囚人2が持っている誘導戦略は, それぞれ,

- 囚人1 : $((a_1, a_2), b_1)$, $((a_1, b_2), a_1)$, $((a_1, b_2), b_1)$, $((b_1, b_2), b_1)$

- 囚人 2：$((a_1, a_2), b_2)$,　　$((b_1, a_2), a_2)$,　　$((b_1, a_2), b_2)$,　　$((b_1, b_2), b_2)$

である. □

例 2.2 (チキンゲームの状況における誘導戦略)　若者 1 の「避ける」,「避けない」という戦略をそれぞれ a_1, b_1, 若者 2 の「避ける」,「避けない」という戦略をそれぞれ a_2, b_2 と書くことにすると, 若者 1, 若者 2 が持っている誘導戦略は, それぞれ,

- 若者 1：$((a_1, a_2), b_1)$,　　$((a_1, b_2), a_1)$,　　$((a_1, b_2), b_1)$,　　$((b_1, a_2), b_1)$

- 若者 2：$((a_1, a_2), b_2)$,　　$((b_1, a_2), a_2)$,　　$((b_1, a_2), b_2)$,　　$((a_1, b_2), b_2)$

である. □

2.3.2　誘導戦略の数

ソフトゲーム理論では, 主体は, 実際に戦略を選択する前に, 誘導戦略の交換を行うと想定している. しかし, このように想定するには「各主体はどんな状況に巻き込まれているとしても誘導戦略を持っている」ということが保証されていなければならない. 任意の $i \in N$ に対して, 結果 $p^i \in S$ と戦略 $t_i \in S_i$ の組 (p^i, t_i) が主体 i の誘導戦略になるためには, 条件 (2.1) を満たさなければならない. 囚人のジレンマの状況やチキンゲームの状況では各主体にこのような組が存在したが, 他の 2×2 のゲームにおいてはどうであろうか. 次の補題によって, 各主体の選好が線形順序なっているどんな 2×2 のゲームにおいても, 各主体は誘導戦略を持つということが保証される.

補題 2.1 (誘導戦略の存在)　各主体の選好が線形順序になっているような任意の 2×2 のゲーム (N, S, R) と任意の $i \in N$ に対して, $|I_i|$ は 3 または 4 である. □

(証明)　主体 1 の場合を示せば十分である. 主体 2 の選好 R_2 によって場合分けを行う. $s^* = (s_1^*, s_2^*) \in S$ を R_2 に関して最も良い結果であるとし, $s^\# = (s_1^\#, s_2^\#) \in S$ を 2 番目の結果とする.

1. $s_1^* = s_1^\#$ である場合.

    $S_1 = \{s_1, s_1'\}$ とする. 任意の $s \in S$ に対して $\neg(s\ P_2\ s^*)$ であるので, (s^*, s_1) と (s^*, s_1') は両方とも $S \times S_1$ の要素で, I_1 に属するための条件を満たしている. もし $s_1 \in S_1$ が $s_1 \neq s_1^*$ を満たしていれば $(s^\#, s_1) \in I_1$ であるが, しかし $s^* = (s_1^*, s_2^*)\ P_2\ s^\#$ なので $(s^\#, s_1^*)$ は I_1 の要素ではない. もし $\{s_2, s_2'\} = S_2$ に対して $s = (s_1, s_2)$ かつ $s' = (s_1, s_2')$ であれば, $s^\#\ P_2\ s,\ s^\#\ P_2\ s',\ s^*\ P_2\ s,\ s^*\ P_2\ s'$ である. したがって, (s, s_1^*) も (s', s_1^*) も I_1 の要素ではない. $s'\ P_2\ s$ であるときには, (s, s_1) は I_1 の要素ではなく, (s', s_1) が I_1 の要素になる. sP_2s' であるときには, (s, s_1) が I_1 の要素になり, (s', s_1) は I_1 の要素ではない. 結果として, I_1 の要素の数は4つで, その要素は, $(s^*, s_1), (s^*, s_1'), (s^\#, s_1)$ と, (s, s_1) または (s', s_1) である. したがって, この場合には $|I_1| = 4$ である.

2. $s_1^* \neq s_1^\#$ である場合.

    $s_1^* = s_1^\#$ の場合と同様に, (s^*, s_1) と (s^*, s_1') はともに I_1 の要素である. $s_1^* = s_1$ のときには, $s^* = (s_1, s_2^*)\ P_2\ s^\#$ なので, $(s^\#, s_1)$ は I_1 に含まれない. $(s^\#, s_1')$ は I_1 に含まれる. $S_2 = \{s_2, s_2'\}$ であり $s_2 \neq s_2^*$ ならば, $s = (s_1, s_2)$ と $s' = (s_1', s_2')$ に対して, $s^*\ P_2\ s,\ s^*\ P_2\ s',\ s^\#\ P_2\ s,\ s^\#\ P_2\ s'$ なので, $(s, s_1), (s, s_1'), (s', s_1), (s', s_1')$ はすべて I_1 の要素ではない. したがって, $(s^*, s_1), (s^*, s_1'), (s^\#, s_1')$ だけが I_1 の要素であり, この場合は $|I_1| = 3$ である.

∎

2.4 情報の信頼性

主体が他者に伝える誘導戦略は正しい情報であるとは限らない. 主体は, 自分にとってより望ましい結果を導くために, 他者の選択を操作しようとするだろう. 自分にとって最高の結果を導くために相手に「黙秘」をさせたい囚人は,

「あなたが黙秘してくれたら私も黙秘する」と嘘の情報を伝える．チキンゲームの状況で勝ちたい若者は，「避けるくらいなら大怪我をした方がましだ」と意地を張る．

しかしこれらの情報は，普通は信じることができない．「あなたが黙秘してくれたら私も黙秘する」と言っている囚人は，この情報に従わずに「自白」することで，自分にとって最高の結果を導くことができるし，「避けるくらいなら大怪我をした方がましだ」と言っている若者は，自分が避けることで，大怪我という最悪の結果を回避できるからである．

一方，「あなたが黙秘したら私は自白する」とか「大怪我するくらいなら負けた方がましだ」という情報は信じることができる．情報の内容が主体の選好と整合しているからである．では，このような，情報の内容と主体の選好，そして情報の信頼性の間の関係は，数理的にはどのように表現できるだろうか．ここでは「誘惑」という概念を導入し，その有無で主体の信頼性を数理的に表現していく．

2.4.1 誘惑の定義

主体が発する情報は誘導戦略で表現されていて，誘導戦略は約束と脅しからなっている．約束の部分の信頼性を下げてしまうものが「約束に対する誘惑」であり，脅しの部分の信頼性を下げてしまうのが「脅しに対する誘惑」である．定義を見よう．2×2 のゲームが与えられているとする．

定義 2.8 (約束に対する誘惑) 主体 $i \in N$ の誘導戦略 $\iota_i = (p^i, t_i)$ の約束 p^i に対する誘惑とは，

$$s_i^* \neq p_i^i \text{ かつ } \neg(p^i \ P_i \ s^*)$$

が成り立っているような結果 $s^* = (s_i^*, p_{-i}^i) \in S$ である． □

ある主体の約束に対する誘惑は，その主体が約束を守らずに戦略を選択することで達成される，その主体にとってより好ましい結果のことである．主体 i の約束 p^i に対する誘惑全体の集合を $T_i(p^i)$ で表す．

2.4. 情報の信頼性

定義 2.9 (脅しに対する誘惑) 主体 $i \in N$ の誘導戦略 $\iota_i = (p^i, t_i)$ の脅し t_i に対する誘惑とは,

$$(s_i^* \neq t_i) \quad \text{かつ} \quad (\exists j \in N\setminus\{i\}, s_j^* \neq p_j^i) \quad \text{かつ} \quad \neg((t_i, s_{-i}^*) \ P_i \ s^*)$$

が成り立っているような結果 $s^* = (s_j^*)_{j \in N} \in S$ である. □

約束に対する誘惑と同じように, 主体が自分の脅しの情報に従わずに戦略を選択することで達成される, その主体にとってより好ましい結果のことを脅しに対する誘惑と呼ぶ. 主体 i の, 誘導戦略 $\iota_i = (p^i, t_i)$ における脅し t_i に対する誘惑全体の集合を $T_i(t_i; p^i)$ で表す.

例 2.3 (囚人のジレンマの状況での誘惑) 囚人のジレンマの状況における各囚人の誘導戦略は例 2.1 で見た. それぞれの約束と脅しに対する誘惑は表 2.3 のようになる. □

表 2.3: 囚人のジレンマの状況における誘惑

	誘導戦略	約束に対する誘惑	脅しに対する誘惑
囚人1	$((a_1, a_2), b_1)$	(b_1, a_2)	なし
	$((a_1, b_2), a_1)$	(b_1, b_2)	(b_1, a_2)
	$((a_1, b_2), b_1)$	(b_1, b_2)	なし
	$((b_1, b_2), b_1)$	なし	なし
囚人2	$((a_1, a_2), b_2)$	(a_1, b_2)	なし
	$((b_1, a_2), a_2)$	(b_1, b_2)	(a_1, b_2)
	$((b_1, a_2), b_2)$	(b_1, b_2)	なし
	$((b_1, b_2), b_2)$	なし	なし

例 2.4 (チキンゲームの状況での誘惑) チキンゲームの状況における各若者の誘導戦略は例 2.2 で見た. それぞれの約束と脅しに対する誘惑は表 2.4 のようになる. □

表 2.4: チキンゲームの状況における誘惑

	誘導戦略	約束に対する誘惑	脅しに対する誘惑
若者1	$((w_1, w_2), k_1)$	(k_1, w_2)	(w_1, k_2)
	$((w_1, k_2), w_1)$	なし	(k_1, w_2)
	$((w_1, k_2), k_1)$	なし	なし
	$((k_1, w_2), k_1)$	なし	(w_1, k_2)
若者2	$((w_1, w_2), k_2)$	(w_1, k_2)	(k_1, w_2)
	$((k_1, w_2), w_2)$	なし	(k_1, w_2)
	$((k_1, w_2), k_2)$	なし	なし
	$((w_1, k_2), k_2)$	なし	(k_1, w_2)

2.4.2　誘惑の一意性

　誘惑についての基本的な性質を見ておこう．約束に対する誘惑も，脅しに対する誘惑も，2×2 のゲームにおいては，存在すれば1つであることがわかる．2×2 のゲームが与えられていて，各主体の選好が線形順序で表されているとする．

補題 2.2 (約束に対する誘惑の一意性) 任意の $i \in N$，主体 i の任意の誘導戦略 $\iota_i = (p^i = (p^i_j)_{j \in N}, t_i) \in I_i$ に対して，もし $T_i(p^i) \neq \emptyset$ ならば，$|T_i(p^i)| = 1$ である． □

(証明) 主体1の場合を示せば十分である．もし $T_1(p^1) \neq \emptyset$ かつ $s, s' \in T_1(p^1)$ であれば，$T_1(p^1) = \{s^* = (s^*_1, p^1_2) | s^*_1 \neq p^1_1, \neg(p^1 \, P_1 \, s^*)\}$ なので，$s = (s_1, p^1_2)$ であり，かつ $s' = (s'_1, p^1_2)$ である．$s_1 \neq p^1_1, s'_1 \neq p^1_1, |S_1| = 2$ が成り立っているので，$s_1 = s'_1$ である．よって $s = s'$ であり，$|T_i(p^i)| = 1$ となる． ■

補題 2.3 (脅しに対する誘惑の一意性) 任意の $i \in N$，主体 i の任意の誘導戦略 $\iota_i = (p^i = (p^i_j)_{j \in N}, t_i) \in I_i$ に対して，もし $T_i(t_i; p^i) \neq \emptyset$ ならば，$|T_i(t_i; p^i)| = 1$ である． □

2.4. 情報の信頼性

(証明) 主体 1 の場合を示せば十分である. もし $T_1(t_1;p^1) \neq \emptyset$ かつ $s, s' \in T_1(t_1;p^1)$ であるとする. また $s = (s_1, s_2)$, $s' = (s'_1, s'_2)$ とする. 定義より, $T_1(t_1;p^1) = \{s^* = (s^*_1, s^*_2) | s^*_1 \neq t_1, s^*_2 \neq p^1_2, \neg((t_1, s^*_2) \, P_1 \, s^*)\}$ である. $s_1 = s'_1$ かつ $s_2 = s'_2$ であることをいえばよい. $s_1 \neq t_1$, $s'_1 \neq t_1$, $|S_1| = 2$ であるので, $s_1 = s'_1$ である. また, $s_2 \neq p^1_2$, $s'_2 \neq p^1_2$, $|S_2| = 2$ なので $s_2 = s'_2$ となる. ∎

　この章では,ソフトゲーム理論における主体の情報交換とその信頼性についての扱いを紹介した.主体が発する情報は誘導戦略で表現され,誘導戦略は約束と脅しからなっていた.また,主体が線形順序で表されるような選好を持っているような 2×2 のゲームでは,誘導戦略はいつでも存在することを確認した.さらに,情報の信頼性を下げるものとして誘惑を考え,誘惑については存在すれば唯一であることがわかった.

　ここで考えた情報の信頼性は,いわば「客観的」な信頼性である.確かに,約束や脅しに誘惑が存在するとその信頼性は下がる.しかし,誘惑の存在だけで情報の信頼性が完全に決まってしまうわけではない.誰が情報を発したか,その人は情報の受け手にとってどのような人か,といったことが,情報の受け手にとっての「主観的」な信頼性を変えていく.次の章では,情報の「主観的」な信頼性について,ソフトゲーム理論に基づいて解説していく.

第3章　感情と競争

　第2章で考えたのは，主体が発する情報の「客観的」な信頼性であった．囚人のジレンマの状況に巻き込まれている囚人の「あなたが黙秘してくれたら私も黙秘する」という情報や，チキンゲームの状況に参加している若者の「避けるくらいなら大怪我をした方がましだ」という情報には誘惑が存在する．通常，誘惑が存在する情報は信頼性が低い．しかし，情報を受け取った主体にとっての「主観的」な信頼性は，情報が誘惑を持つか否かだけで決まるものではない．
　そもそも，主体はなぜ誘惑を持っているような情報を発するのだろうか．ただ単に嘘をついているだけなのだろうか．情報を発するからには，その情報を相手に信じてもらいたいはずである．もちろん他者から情報を受け取った主体は，それをいつでも鵜呑みにするわけではなく，情報を発する主体もそのことを知っている．したがって，「あなたが黙秘してくれたら私も黙秘する」という情報を相手に信じさせるためには，なぜ自分が，最高の結果が達成できそうなのに，あえてより望ましくない結果を達成しようとしているのかを相手に納得させなければならない．「避けるくらいなら大怪我をした方がましだ」ということを信じさせるためには，「負け」と「怪我」の望ましさを入れ替えてしまう理由がなくてはならない．どうすれば，誘惑を持っているような情報を相手に信じさせることができるのだろうか．
　あるいは主体は，何らかの原因により，本当に「黙秘しよう」とか「避けない」と考えることがあるのかもしれない．「黙秘」している相手を裏切って「自白」するよりは，「黙秘」した方がよいと本当に考える囚人も実際にはいるだろうし，「あんなやつに負けるくらいなら死んだ方がましだ」と本当に考える若者もいるだろう．では，主体にこのように思わせる「何らか」とは何だろう．さら

に, 誘惑を持っている情報が正しい情報である場合, 情報を発する主体はどうしたらその情報を相手に信じさせることができるだろうか. 情報を発する主体は, 誘惑を持つ情報が相手に信じられにくいことを知っている. しかし, 本当の情報が誘惑を持っているのである. 一体どうすれば, 本当の情報を相手に信じさせることができるのだろうか.

ソフトゲーム理論では, 主体が持っている他者に対する「感情」を想定し, その作用によって, 誘惑を持つ情報の信頼性が上がり, また, 誘惑を持つ情報が本当の情報になり得ると考える. 適切な感情があれば, 主体は本当に「黙秘しよう」とか「避けない」と考えるし, 「黙秘しよう」とか「避けない」という情報も相手に信頼される, とするわけである.

この章では, 前の章で扱った, 競争の意思決定の状況における意思決定主体の間の情報交換とその「客観的」な信頼性についての議論を踏まえて, 情報の「主観的」な信頼性のソフトゲーム理論での扱いを紹介する. 主体が他者に対して持っている「感情」を導入して, それが持っている情報交換に対する作用について論じる. さらに, 感情によって影響を受ける主体を数理的に厳密に表現し, 囚人のジレンマの状況やチキンゲームの状況における「個人の合理性と社会の効率性の矛盾」が感情が導く非合理戦略によって克服される可能性を見る.

3.1 感情と情報交換

ソフトゲーム理論では, 主体が互いに他者に対して持っている感情が, 主体が発する情報やその信頼性に影響を与える, と考える. まず, 感情の扱い方やその機能について見ていこう.

3.1.1 感情の定義と機能

競争の意思決定の状況が1つ与えられているとする. ソフトゲーム理論では, 主体は互いに他者に対して「肯定的」あるいは「否定的」な感情を持っているとする. これらの感情は次のように「+」と「−」の符号で表される.

3.1. 感情と情報交換

定義 3.1 (主体の感情) 任意の $i \in N$, 任意の $j \in N$ に対して, 主体 i が主体 j に対して持っている感情を e_{ij} で表す. e_{ij} の値は $+$ か $-$ である. e_{ij} が $+$ のとき, 主体 i は主体 j に対して肯定的な感情を持っていることを表し, e_{ij} が $-$ のとき, 主体 i は主体 j に対して否定的な感情を持っていることを表す. 主体 i が他の主体 (自分も含めて) に対して持っている感情は $(e_{ij})_{j \in N}$ と書くことができる. これを e_i で表し, 主体 i の感情と呼ぶ. さらに, $(e_i)_{i \in N}$ を e で表し, 主体の感情と呼ぶ. □

ソフトゲーム理論では, 感情の機能として次のものを想定する.

- 肯定的な感情は献身的な行動を導く.
- 否定的な感情は攻撃的な行動を導く.

ここでいう献身的な行動とは, その行動を選択すると, 他の行動を選択するよりも, 自分にとってはより望ましくないが他の主体にとってはより望ましい結果を導く行動である. また, 攻撃的な行動とは, その行動を選択すると, 他の行動を選択するよりも, 自分にとってはより望ましくなく, 他の主体にとってもより望ましくない結果を導く行動である. つまり, 献身的な行動は, 自分を犠牲にして他の主体にとっての望ましさを向上させるような行動, 攻撃的な行動は自分を犠牲にして他の主体にとっての望ましさを低下させるような行動である. 主体が他の主体に対して肯定的な感情を持っている場合には献身的な行動を, 否定的な感情を持っている場合には攻撃的な行動を選択する傾向にある, と考えるのは自然であろう. ソフトゲーム理論でもこの見方を採用するのである.

この見方を採用することで次のことも想定できる.

- 肯定的な感情は献身的な行動についての情報に信頼性を与える.
- 否定的な感情は攻撃的な行動についての情報に信頼性を与える.

すなわち, ある主体が他の主体に対して肯定的な感情を持っている場合には, その主体が発する献身的な行動についての情報, すなわち, 「自分は献身的な行動を選択する」という発言の信頼性は向上し, 否定的な感情を持っている場合

には，攻撃的な行動についての情報，すなわち，「自分は攻撃的な行動を選択する」という発言の信頼性は向上する，と考えるのである．これを，ソフトゲーム理論が扱っている情報を用いて言い直すと，

- 肯定的な感情は誘惑を持つ約束に信頼性を与える．
- 否定的な感情は誘惑を持つ脅しに信頼性を与える．

となる．

では，これらの感情の機能は，数理的にはどのように表現されるだろうか．囚人のジレンマの状況やチキンゲームの状況への適用例を参照しながら，感情の機能の数理的な扱い方を見ていこう．

3.1.2 主体の感情と情報の信頼性

ソフトゲーム理論では，肯定的な感情には誘惑を持つ約束に信頼性を与えるという機能が，否定的な感情には誘惑を持つ脅しに信頼性を与えるという機能があると想定される．この考え方を，囚人のジレンマの状況やチキンゲームの状況に適用してみよう．

例 3.1 (囚人のジレンマの状況における肯定的な感情) 囚人のジレンマの状況では，囚人1の誘導戦略 ((黙秘,黙秘),自白) について，その約束 (黙秘,黙秘) に対しては，(自白,黙秘) という誘惑が存在する．しかし，もし囚人1が囚人2に対して肯定的な感情を持っていて，囚人2がそのことを知っていれば，囚人2は，囚人1の誘導戦略 ((黙秘,黙秘),自白) の約束 (黙秘,黙秘)，つまり，「あなたが黙秘するなら私も黙秘します」という発言を，誘惑 (自白,黙秘) があるにもかかわらず信じる． □

例 3.2 (チキンゲームの状況における否定的な感情) チキンゲームの状況での，若者1の誘導戦略 ((避けない,避ける),避けない) を考えよう．この誘導戦略の脅し「避けない」に対しては，(避ける,避けない) という誘惑が存在する．しかしもし若者1が若者2に対して否定的な感情を持っていて，若者2がそのことを

3.1. 感情と情報交換

知っていれば, 若者2は, 若者1の誘導戦略 ((避けない, 避ける), 避けない) の脅し「避けない」, つまり,「おまえが避けようが避けまいが, おれは避けない」という発言を, 誘惑 (避ける, 避けない) があるにもかかわらず信じる. □

ソフトゲーム理論では, このように想定される感情の機能に従って, 次の定義のような, 主体にとっての「主観的」な情報の信頼性を考える. もちろん, 主体が互いに他者に対して持っている感情 $e = (e_i)_{i \in N} = ((e_{ij})_{j \in N})_{i \in N}$ が与えられているものとする.

客観的には誘惑を持つ約束は信頼性が低い. しかし, 肯定的な感情の機能によって, 約束の主観的な信頼性は高くなる.

定義 3.2 (約束の主観的な信頼性) 任意の $i \in N$, 任意の $j \in N \setminus \{i\}$, 任意の $\iota_i = (p^i, t_i) \in I_i$ に対して, p^i が主体 j にとって信頼できるというのは, $T_i(p^i) = \emptyset$ か $e_{ij} = +$ が成り立っているときをいう. 主体 j が信頼できる p^i を持っているような主体 i の誘導戦略 ι_i の集合を U_i^j と書く. □

すなわち, 主体 i が主体 j に対して誘導戦略を伝えた場合に, もしその約束に誘惑が存在しないか, または, 主体 i が主体 j に対して肯定的な感情を持っているかのいずれかが成り立っていれば, この誘導戦略の約束の部分は主体 j に主観的に信頼される, と考えるのである.

約束の場合と同様に, 客観的には, 誘惑を持つ脅しは信頼性が低い. しかし, 否定的な感情の存在によって脅しの主観的な信頼性は高くなる.

定義 3.3 (脅しの主観的な信頼性) 任意の $i \in N$, 任意の $j \in N \setminus \{i\}$, 任意の $\iota_i = (p^i, t_i) \in I_i$ に対して, p^i に対する脅し t_i が主体 j にとって信頼できるというのは, $T_i(t_i; p^i) = \emptyset$ であるか $e_{ij} = -$ のときをいう. 主体 j が信頼できる, p^i に対する t_i を持っているような主体 i の誘導戦略 ι_i の集合を V_i^j と書く. □

主体 i が主体 j に対して誘導戦略を伝え, もしその脅しに誘惑が存在しないか, または, 主体 i が主体 j に対して否定的な感情を持っているかのいずれかが成り立っていれば, この誘導戦略の脅しの部分は主体 j に主観的に信頼されるのである.

3.2　意思決定主体のモデル

ソフトゲーム理論が想定している意思決定主体は，戦略の選択の前に互いに情報交換を行い，互いが他者に対して持っている感情から影響を受けることで，交換された情報を信じたり信じなかったりし，自分が信じた情報に基づいて最終的な戦略の選択を行う，というものである．このような主体は数理的にはどのように表現されるだろうか．ここではその表現方法を見ていこう．

3.2.1　決定関数・推論関数・実行関数

主体の意思決定方法は，数理的には，「決定関数」を用いて表される．さらに，決定関数をより詳しく記述するために，「推論関数」，「実行関数」，「認識された推論関数」，「認識された実行関数」などの概念を用いる．これらの概念の関係は図 3.1 に描かれている．順に説明していこう．

まず決定関数は，主体の意思決定全体を表現する．主体は，交換された誘導戦

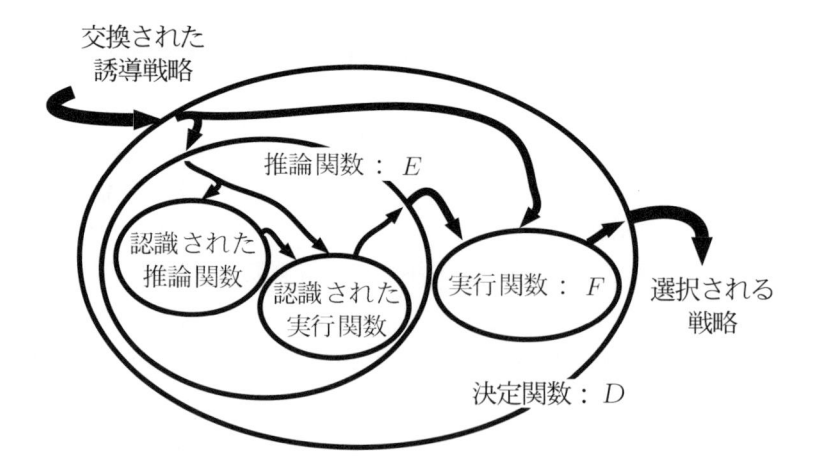

図 3.1: 主体の意思決定方法

3.2. 意思決定主体のモデル

略と各主体が持っている感情とを参照しながら，自分が選択する戦略を決定する．主体が持っている感情は，主体が選択できるものではなく，それまでの主体の間の関係で決まってくるものである．したがって，主体 $i \in N$ の決定関数は，交換され得る誘導戦略全体の集合 I からその主体が選択し得る戦略全体の集合 S_i への関数で表現されることになる．

定義 3.4 (決定関数) 任意の $i \in N$ に対して，主体 i の決定関数を $D_i : I \to S_i$ で表す． □

ここでは，各主体はそれぞれ自分の決定関数を1つ持っていて，それに基づいて戦略の選択を行うと考える．さらに，交換された情報の信頼性に応じてその情報を信じたり信じなかったりする主体を表現するために，各主体の決定関数を，「他の主体の選択の予想」の部分と「予想に基づいた自分の選択」の部分に分ける．前者を推論関数，後者を実行関数と呼ぶ．

定義 3.5 (推論関数) 任意の $i \in N$ に対して，主体 i の推論関数は $E_i : I \to S_{-i}$ である． □

定義 3.6 (実行関数) 任意の $i \in N$ に対して，主体 i の実行関数は $F_i : I \times S_{-i} \to S_i$ である． □

推論関数によって，各主体が交換された情報から「他の主体がどの戦略を選択するか」を予想するということが表現されている．そして，交換された情報と他の主体の選択の予想を用いて自分の戦略を選択するということが実行関数で表現されている．ここでは，任意の $i \in N$ に対して，主体 i の決定関数 D_i は，推論関数 E_i と実行関数 F_i の結合で表すことができると考えて，任意の $i \in N$，任意の $\iota \in I$ に対して，

$$D_i(\iota) = F_i(\iota, E_i(\iota))$$

ということが成立していると仮定しよう．

さらに，各主体が「他の主体の選択の予想」をするときには，自分が持っている他者の推論関数や実行関数についての認識を用いるものとすると，推論関数は2つの部分に分けられる．「認識された推論関数」と「認識された実行関数」である．

定義 3.7 (認識された推論関数) 任意の $i \in N$, 任意の $j \in N \backslash \{i\}$ に対して, 主体 i によって認識された主体 j の推論関数は $E_j^i : I \to S_{-j}$ である. □

定義 3.8 (認識された実行関数) 任意の $i \in N$, 任意の $j \in N \backslash \{i\}$ に対して, 主体 i によって認識された主体 j の実行関数は $F_j^i : I \times S_{-j} \to S_j$ である. □

まず主体 i は, 認識された推論関数 E_j^i を用いて, 主体 j が主体 i の選択に関してどのような予想をしているか, を予想する. そしてさらに, 認識された実行関数 F_j^i を用いることで, 主体 j がどのような選択をするか, つまり主体 j の選択の予想をするわけである.

ここでも, 任意の $i \in N$ に対して, 主体 i の推論関数 E_i は, 認識された推論関数 E_j^i と認識された実行関数 F_j^i の結合で表すことができると考えて, 任意の $i \in N$, 任意の $j \in N \backslash \{i\}$, 任意の $\iota \in I$ に対して

$$E_i(\iota) = (F_j^i(\iota, E_j^i(\iota)))_{j \in N \backslash \{i\}}$$

であるとする. 決定関数が推論関数と実行関数の結合で表されるという仮定とあわせると, 任意の $i \in N$, 任意の $\iota \in I$ に対して,

$$D_i = F_i(\iota, (F_j^i(\iota, E_j^i(\iota)))_{j \in N \backslash \{i\}})$$

となる.

3.2.2 正直な主体, 信用する主体

さて, 決定関数, 推論関数, 実行関数, 認識された推論関数, 認識された実行関数などの概念を用いて, 意思決定主体の分類を行おう. 次節の分析では, 「正直な主体」, 「完全に信用する主体」, 「主観的に信用する主体」などの概念を扱うので, これらの定義を見ていこう.

正直な主体は, 「自分が発した情報と自分の戦略の選択の仕方が一致している主体」として定義される.

3.2. 意思決定主体のモデル

定義 3.9 (正直な主体) 任意の $i \in N$ に対して, 主体 i が正直であるというのは, 主体 i の実行関数 F_i が以下を満たしている場合をいう.

任意の $(\iota, s_{-i}) \in I \times S_{-i}$ に対して,

$$F_i(\iota, s_{-i}) = \begin{cases} p_i^i & \text{if} \quad s_j = p_j^i \quad (\forall j \in N \setminus \{i\}) \\ t_i & \text{if} \quad s_j \neq p_j^i \quad (\exists j \in N \setminus \{i\}) \end{cases}$$

□

誘導戦略の定義と解釈を思い出してほしい. 主体 i の誘導戦略 $\iota_i = (p^i, t_i)$ は,

もし私 (主体 i) が, 「他の主体が選択する戦略が p^i_{-i} である」と納得したら, 私は戦略 p_i^i を選択します. そうでない場合には, つまり, もし私 (主体 i) が, 「他の主体が選択する戦略が p^i_{-i} である」と納得できなければ, 私は戦略 t_i を選択します.

という情報として解釈されるのであった. 正直な主体は, この情報そのままの実行関数を持っているわけである.

次に, 完全に信用する主体の定義を見よう.

定義 3.10 (完全に信用する主体) 任意の $i \in N$ に対して, 主体 i が完全に信用するというのは, 任意の $j \in N \setminus \{i\}$ に対して, 主体 i が認識している主体 j の実行関数 F_j^i が以下を満たしている場合をいう.

任意の $(\iota, s_{-j}) \in I \times S_{-j}$ に対して,

$$F_j^i(\iota, s_{-j}) = \begin{cases} p_j^j & \text{if} \quad s_k = p_k^j \quad (\forall k \in N \setminus \{j\}) \\ t_j & \text{if} \quad s_k \neq p_k^j \quad (\exists k \in N \setminus \{j\}) \end{cases}$$

□

完全に信用する主体は, いわば, 他の主体から受け取った誘導戦略を鵜呑みにする主体である. 主体 i が完全に信用する主体である場合, 主体 j の誘導戦略

を，信頼性の高い低いにかかわらずそのまま信じ，認識された実行関数をそれと同じにするのである．

一方，主観的に信用する主体は，他の主体から受け取った誘導戦略を鵜呑みにはせず，感情の作用の影響を受けながら信じたり信じなかったりする．

定義 3.11 (主観的に信用する主体) 任意の $i \in N$ に対して，主体 i が主観的に信用するというのは，任意の $j \in N \setminus \{i\}$ に対して，主体 i が認識している主体 j の実行関数 F_j^i が以下を満たしている場合をいう．

任意の $(\iota, s_{-j}) \in I \times S_{-j}$ に対して，

$$F_j^i(\iota, s_{-j}) = \begin{cases} p_j^j & \text{if} \quad s_k = p_k^j \quad (\forall k \in N \setminus \{j\}), \\ & \qquad \text{かつ } \iota_j \in U_j^i \\ s_j^* \in \pi_j(T_j(p^j)) & \text{if} \quad s_k = p_k^j \quad (\forall k \in N \setminus \{j\}), \\ & \qquad \text{かつ } \iota_j \notin U_j^i \\ t_j & \text{if} \quad s_k \neq p_k^j \quad (\exists k \in N \setminus \{j\}), \\ & \qquad \text{かつ } \iota_j \in V_j^i \\ s_j^* \in \pi_j(T_j(t_j; p^j)) & \text{if} \quad s_k \neq p_k^j \quad (\exists k \in N \setminus \{j\}), \\ & \qquad \text{かつ } \iota_j \notin V_j^i \end{cases}$$

□

主観的に信用する主体は，他の主体の誘導戦略の約束の部分について，もしその約束が主観的に信頼できるのであれば信じ，そうでない場合には，その約束が持っている誘惑が達成されると信じる．脅しについても，それが主観的に信頼できれば信じ，そうでなければその誘惑が達成されると信じる．

主観的に信用する主体は，感情の影響を受けない主体と，完全に信用する主体の間に位置する主体であると考えられる．

3.2.3 合意している主体

次節の分析では，各主体が望んでいる結果が一致している場合に注目する．それは，このような場合には，全体として達成されるべき結果がはっきりしている

からである．主体全員の望みが一致していればその結果が達成されるべきである，と考えてもいいだろう．

「各主体が望んでいる結果が一致している場合」というのを「主体が合意している」という概念で表現しよう．

定義 3.12 (合意している) 任意の $\iota = (\iota_i)_{i \in N} \in I$ に対して，主体が結果 $p \in S$ で合意しているとは，任意の $i \in N$ に対して $p^i = p$ である場合をいう．ただし，任意の $i \in N$ に対して，$\iota_i = (p^i, t_i)$ であるとする． □

各主体の誘導戦略の約束の部分は，その主体が達成したい結果を表していた．したがって，それがすべての主体について一致していれば「合意している」と考えていいであろう．

3.3 競争の状況の分析

これまで構築してきた枠組や概念を用いて，情報の信頼性に対する感情の作用の影響を調べていこう．特に興味があるのは，囚人のジレンマの状況やチキンゲームの状況でパレート最適な結果を導くことができるかどうかである．ここでは，正直で完全に信用する主体だけが状況に巻き込まれている場合と，正直で主観的に信用する主体だけが状況に巻き込まれている場合の2つの場合について分析する．

3.3.1 完全に信用する主体の場合

ここでの興味は，囚人のジレンマの状況やチキンゲームの状況における「個人の合理性と社会の効率性の矛盾」が感情が導く非合理戦略によって克服できるかどうかである．しかし，命題としては一般の 2×2 のゲームで成り立つものを紹介する．意思決定状況に巻き込まれているのが，正直で完全に信用する主体だけの場合を考えよう．

定理 3.1 (正直で完全に信用する主体だけの場合) 2×2 のゲーム (N,S,R) を考える.任意の $i\in N$ に対して,主体 i が正直で完全に信用する場合,p で合意しているような任意の $\iota = (\iota_1, \iota_2) \in I$ に対して,もし,

$$E_2^1(\iota) = p_1^1 \quad \text{かつ} \quad E_1^2(\iota) = p_2^2$$

ならば,

$$(D_1(\iota), D_2(\iota)) = (p_1^1, p_2^2) = p$$

である.ただし,$\iota_1 = (p^1 = (p_1^1, p_2^1), t_1)$, $\iota_2 = (p^2 = (p_1^2, p_2^2), t_2)$ であるとする.
□

この定理により,任意の 2×2 のゲームの状況においては,もし結果 p で合意している誘導戦略が交換され,各主体が「相手は自分が p を達成するのに必要な戦略を選択すると信じている」と考えていれば,実際に結果 p が達成されることがわかる.証明を見よう.

(定理 3.1 の証明) 任意の $i \in N$ に対して,主体 i は正直であり,かつ完全に信用するとする.各主体の誘導戦略の組 $\iota = (\iota_1, \iota_2)$ (ただし,$\iota_1 = (p^1 = (p_1^1, p_2^1), t_1)$, $\iota_2 = (p^2 = (p_1^2, p_2^2), t_2)$) のうち $p^1 = p^2 = p$ であるようなものを考える.もし $p_1^1 = t_1$ であるとすると,F_1 の定義より,$D_1(\iota) = p_1^1$ である.したがって,$p_1^1 \neq t_1$ である場合を考える.主体 1 は完全に信用するので,F_1 の定義より,

$$\begin{aligned}D_1(\iota) = (F_1(\iota, E_1(\iota))) = p_1^1 &\Leftrightarrow E_1(\iota) = p_2^1 \\ &\Leftrightarrow F_2^1(\iota, E_2^1(\iota)) = p_2^1\end{aligned}$$

である.$p^1 = p^2$ であるから,F_2^1 の定義より,

$$F_2^1(\iota, E_2^1(\iota)) = p_2^1 \Leftrightarrow F_2^1(\iota, E_2^1(\iota)) = p_2^2$$

$$\Leftrightarrow \begin{cases} E_2^1(\iota) = p_1^2 \\ \quad \text{または} \\ E_2^1(\iota) \neq p_1^2 \text{ かつ } p_2^2 = t_2 \end{cases}$$

3.3. 競争の状況の分析

である. さらに, $p_1^2 = p_1^1$ かつ $p_1^1 \neq t_1$ なので,

$$E_2^1(\iota) = p_1^2 \Leftrightarrow E_2^1(\iota) = p_1^1$$
$$E_2^1(\iota) \neq p_1^2 \Leftrightarrow E_2^1(\iota) = t_1$$

である. したがって,

$$\begin{cases} E_1^2(\iota) = p_1^2 \\ \text{または} \\ E_1^2(\iota) \neq p_1^2 \text{ かつ } p_2^2 = t_2 \end{cases} \Leftrightarrow \begin{cases} E_1^2(\iota) = p_1^1 \\ \text{または} \\ E_1^2(\iota) = t_1 \text{ かつ } p_2^2 = t_2 \end{cases}$$

である. 結果として, もし, ι が $p^1 = p^2$ を満たしていたら,

$$p_1^1 = t_1 \Rightarrow D_1(\iota) = p_1^1$$

であり, かつ,

$$p_1^1 \neq t_1 \Rightarrow \left[D_1(\iota) = p_1^1 \Leftrightarrow \begin{cases} E_2^1(\iota) = p_1^1 \\ \text{または} \\ E_2^1(\iota) = t_1 \text{ かつ } p_2^2 = t_2 \end{cases} \right]$$

である. 同様に, もし, ι が $p^1 = p^2$ を満たしていて $p_2^2 = t_2$ であれば, $D_2(\iota) = p_2^2$ であり, 一方, もし $p_2^2 \neq t_2$ であれば, $D_2(\iota) = p_2^2$ であることと

$$[E_1^2(\iota) = p_2^2] \quad \text{または} \quad [E_1^2(\iota) = t_2 \quad \text{かつ} \quad p_1^1 = t_1]$$

であることが同値である. さらに, もし $p_1^1 \neq t_1 (p_2^2 \neq t_2)$ であれば, $|S_1| = 2$ ($|S_2| = 2$) であることから, $E_2^1(\iota) = p_1^1$ であるか, または $E_2^1(\iota) = t_1$ である ($E_1^2(\iota) = p_2^2$ であるか $E_1^2(\iota) = t_2$ である).

したがって, $p^1 = p^2 = p$ であるような誘導戦略 ι に対して,

$$p_1^1 = t_1 \text{ または } p_2^2 = t_2 \Rightarrow (D_1(\iota), D_2(\iota)) = p$$

$$p_1^1 \neq t_1 \text{ かつ } p_2^2 \neq t_2 \Rightarrow \left[(D_1(\iota), D_2(\iota)) = p \Leftrightarrow \begin{cases} E_2^1(\iota) = p_1^1 \\ \text{かつ} \\ E_1^2(\iota) = p_2^2 \end{cases} \right]$$

である.　■

正直で完全に信用する主体だけが巻き込まれている 2×2 のゲームの状況において, 主体が結果 p で合意していたとしても, もし「相手は自分が p を達成するのに必要な戦略を選択すると信じている」とは考えていない主体がいる場合には, 結果 p が達成されるとは限らない. 実際, 囚人のジレンマの状況で,

$$\iota_1 = ((黙秘, 黙秘), 自白), \quad \iota_2 = ((黙秘, 黙秘), 自白)$$

という誘導戦略が交換される場合を考えよう. この場合, 2 人の主体は $p = (黙秘, 黙秘)$ という結果で合意している. さらに, 囚人 1 が「相手は自分が『自白』を選択すると考えているに違いない」と考えているとしよう. つまり囚人 1 は, 囚人 2 に約束を破ると考えられていると信じているのである. このとき, 囚人 1 の戦略の選択はどうなるだろうか.

囚人 1 は正直かつ完全に信用する主体なので,

$$F_1(\iota, s_{N\setminus\{1\}}) = \begin{cases} 黙秘 & \text{if} \quad s_j = 黙秘 \quad (\forall j \in N\setminus\{1\}) \\ 自白 & \text{if} \quad s_j \neq 黙秘 \quad (\exists j \in N\setminus\{1\}) \end{cases}$$

であり,

$$F_2^1(\iota, s_{N\setminus\{2\}}) = \begin{cases} 黙秘 & \text{if} \quad s_k = 黙秘 \quad (\forall k \in N\setminus\{2\}) \\ 自白 & \text{if} \quad s_k \neq 黙秘 \quad (\exists k \in N\setminus\{2\}) \end{cases}$$

である. 囚人 1 の決定関数は,

$$D_1(\iota) = F_1(\iota, F_2^1(\iota, E_2^1(\iota)))$$

であり, このときもし囚人 1 が「相手は自分が『自白』を選択すると考えているに違いない」と考えている, すなわち, $E_2^1(\iota) = 自白$ とすると,

$$\begin{aligned} D_1(\iota) &= F_1(\iota, F_2^1(\iota, E_2^1(\iota))) \\ &= F_1(\iota, F_2^1(\iota, 自白)) \\ &= F_1(\iota, 自白) \\ &= 自白 \end{aligned}$$

となり, 囚人1は自白することになり, 結果 $p =$ (黙秘,黙秘) は達成されない. 「相手に自分が信じられている」という信念は, 合意された結果を達成するために, また「個人の合理性と社会の効率性の矛盾」を克服するために重要なことなのである.

3.3.2 主観的に信用する主体の場合

定理 3.1 によって, 正直で完全に信用する主体だけが巻き込まれている 2×2 のゲームの状況において, もし結果 p で合意している誘導戦略が交換され, 各主体が, 相手は自分が p を達成するのに必要な戦略を選択すると信じている, と考えていれば, 実際に結果 p が達成されることがわかった. では, 主観的に信用する主体の場合はどうであろうか. このような主体の戦略の選択は, 互いが他者に対して持っている感情によって変化する. 次のことが知られている.

定理 3.2 (正直で主観的に信用する主体だけの場合) 2×2 のゲーム (N, S, R) を考える. 任意の $i \in N$ に対して, 主体 i が正直で主観的に信用する場合, p で合意しているような任意の $\iota = (\iota_1, \iota_2) \in I$ に対して, もし,

$$e_{12} = + \quad かつ \quad e_{21} = +$$

であり,

$$E_2^1(\iota) = p_1^1 \quad かつ \quad E_1^2(\iota) = p_2^2$$

ならば,

$$(D_1(\iota), D_2(\iota)) = (p_1^1, p_2^2) = p$$

である. ただし, $\iota_1 = (p^1 = (p_1^1, p_2^1), t_1)$, $\iota_2 = (p^2 = (p_1^2, p_2^2), t_2)$ であるとする.
□

この定理により, 任意の 2×2 のゲームの状況においては, もし結果 p で合意している誘導戦略が交換され, 各主体が正直で主観的に信用する主体だけの場合には, 結果 p で合意している誘導戦略が交換されたとき, 各主体が「相手は自分が p を達成するのに必要な戦略を選択すると信じている」と考えていて, な

おかつ互いに肯定的な感情を他者に与えていれば, 結果 p が達成されることがわかる.

(定理 3.2 の証明) 任意の $i \in N$ に対して, 主体 i は正直であり, かつ主観的に信用するとする. 各主体の誘導戦略の組 $\iota = (\iota_1, \iota_2)$ のうち $p^1 = p^2 = p$ であるようなものを考える. ただし $\iota_1 = (p^1 = (p_1^1, p_2^1), t_1)$, $\iota_2 = (p^2 = (p_1^2, p_2^2), t_2)$ とする. もし $p_1^1 = t_1$ であるとすると, F_1 の定義より, $D_1(\iota) = p_1^1$ である. したがって, $p_1^1 \neq t_1$ である場合を考える. 主体 1 は主観的に信用するので, F_1 の定義より,

$$D_1(\iota) = (F_1(\iota, E_1(\iota))) = p_1^1 \quad \Leftrightarrow \quad E_1(\iota) = p_2^1$$
$$\Leftrightarrow \quad F_2^1(\iota, E_2^1(\iota)) = p_2^1$$

である. $p^1 = p^2$ なので $p_2^1 = p_2^2$ である. したがって,

$$F_2^1(\iota, E_2^1(\iota)) = p_2^1 \quad \Leftrightarrow \quad F_2^1(\iota, E_2^1(\iota)) = p_2^2$$

である. F_2^1 の定義から,

$$F_2^1(\iota, E_2^1(\iota)) = p_2^2 \Leftrightarrow \begin{cases} E_2^1(\iota) = p_1^2 \text{ かつ } \iota_2 \in U_2^1 \\ \text{または} \\ E_2^1(\iota) \neq p_1^2 \text{ かつ } \iota_2 \in V_2^1 \text{ かつ } p_2^2 = t_2 \\ \text{または} \\ E_2^1(\iota) \neq p_1^2 \text{ かつ } \iota_2 \notin V_2^1 \text{ かつ } p_2^2 \neq t_2 \end{cases}$$

である. $p_1^2 = p_1^1$ かつ $p_1^1 \neq t_1$ であることから,

$$E_2^1(\iota) = p_1^2 \quad \Leftrightarrow \quad E_2^1(\iota) = p_1^1$$
$$E_2^1(\iota) \neq p_1^2 \quad \Leftrightarrow \quad E_2^1(\iota) = t_1$$

3.3. 競争の状況の分析

であることがわかるので,

$$\begin{cases} E_2^1(\iota) = p_1^2 \text{ かつ } \iota_2 \in U_2^1 \\ \text{または} \\ E_2^1(\iota) \neq p_1^2 \text{ かつ } \iota_2 \in V_2^1 \text{ かつ } p_2^2 = t_2 \\ \text{または} \\ E_2^1(\iota) \neq p_1^2 \text{ かつ } \iota_2 \notin V_2^1 \text{ かつ } P_2^2 \neq t_2 \end{cases}$$

$$\Leftrightarrow \begin{cases} E_2^1(\iota) = p_1^1 \text{ かつ } \iota_2 \in U_2^1 \\ \text{または} \\ E_2^1(\iota) = t_1 \text{ かつ } \iota_2 \in V_2^1 \text{ かつ } p_2^2 = t_2 \\ \text{または} \\ E_2^1(\iota) = t_1 \text{ かつ } \iota_2 \notin V_2^1 \text{ かつ } p_2^2 \neq t_2 \end{cases}$$

である. したがって, $p_1^1 \neq t_1$ であるときは,

$$D_1(\iota) = p_1^1 \Leftrightarrow \begin{cases} E_2^1(\iota) = p_1^1 \text{ かつ } \iota_2 \in U_2^1 \\ \text{または} \\ E_2^1(\iota) = t_1 \text{ かつ } \iota_2 \in V_2^1 \text{ かつ } p_2^2 = t_2 \\ \text{または} \\ E_2^1(\iota) = t_1 \text{ かつ } \iota_2 \notin V_2^1 \text{ かつ } p_2^2 \neq t_2 \end{cases}$$

である. さらに, 主体の感情に関する場合分けをして分析を進める. $e_{21} = +$ であるか $e_{21} = -$ であるかのいずれかである.

- $e_{21} = -$ の場合

    このとき, 主体 2 の約束 p^2 のうち主体 1 が信用できるのは, $T_2(p^2) = \emptyset$ であるようなものだけであり, また, 主体 2 の脅し t_2 は主体 1 にとっていつも信用できる. つまり, $\iota_2 \in V_2^1$ である. したがって,

    $$D_1(\iota) = p_1^1 \Leftrightarrow \begin{cases} E_2^1(\iota) = p_1^1 \text{ かつ } T_2(p^2) = \emptyset \\ \text{または} \\ E_2^1(\iota) = t_1 \text{ かつ } p_2^2 = t_2 \end{cases}$$

    である.

- $e_{21} = +$ の場合

  このとき，主体 2 の約束 p^2 は主体 1 にとっていつも信用できる．つまり，$\iota_2 \in U_2^1$ である．また，主体 2 の脅し t_2 のうち主体 1 が信用できるのは，$T_2(t_2; p^2) = \phi$ であるようなものだけである．したがって，

  $$D_1(\iota) = p_1^1 \Leftrightarrow \begin{cases} E_2^1(\iota) = p_1^1 \\ \text{または} \\ E_2^1(\iota) = t_1 \text{ かつ } T_2(t_2; p^2) = \emptyset \text{ かつ } p_2^2 = t_2 \\ \text{または} \\ E_2^1(\iota) = t_1 \text{ かつ } T_2(t_2; p^2) \neq \emptyset \text{ かつ } p_2^2 \neq t_2 \end{cases}$$

  である．

  $e_{21} = +$ の場合に注目すれば，$E_2^1(\iota) = p_1^1$ であれば，$D_1(\iota) = p_1^1$ となることがわかる．主体 2 についても同様なことが成り立つ．したがって，$e_{12} = +$ かつ $e_{21} = +$ であり，$E_2^1(\iota) = p_1^1$ かつ $E_1^2(\iota) = p_2^2$ ならば，$(D_1(\iota), D_2(\iota)) = (p_1^1, p_2^2) = p$ であるということがわかる． ∎

この定理により，囚人のジレンマの状況について次のことがわかる．

> 主体が互いに他者に対して肯定的な感情を持っていて，その感情が情報の信頼性に影響を与えるとする．2 人の主体が囚人のジレンマの状況に巻き込まれていて，各主体はパレート最適解の 1 つである (黙秘,黙秘) という結果を達成したいと考えているとする．このとき，もし 2 人ともが「自分は他者に，(黙秘,黙秘) という結果の達成に必要な戦略，すなわち『黙秘』という戦略，を選択すると信じられている」と考えているなら，結果 (黙秘,黙秘) が達成される．

つまり，主体が互いに肯定的な感情を持っていて，他者に自分が約束に従うと信じられていると考えている場合には，パレート最適な結果である (黙秘,黙秘) を導くことができる場合があることが示された．

3.3.3 矛盾の克服

では，主体の間に肯定的な感情がない場合や，主体が，他者に自分が約束に従うと信じられていないと考えている場合にはどのような結果になるだろうか．囚人のジレンマの状況やチキンゲームの状況における「個人の合理性と社会の効率性の矛盾」が克服されるであろうか．

まず，囚人のジレンマの状況で，2 人の囚人が他者に否定的な感情を持っている場合を考えよう．各囚人が ((黙秘, 黙秘), 自白) という誘導戦略を他者に伝えたとすると，合意されている結果が導かれるだろうか．

囚人 1 は主観的に信用する主体なので，囚人 2 の約束 (黙秘, 黙秘) を信用しない．この約束には誘惑が存在し，誘惑を持つような約束を信用するためには，囚人 2 が囚人 1 に対して肯定的な感情を持っていなければならないからである．囚人 2 が囚人 1 に対して否定的な感情を持っている今の場合には，囚人 1 は囚人 2 の約束を信じられず，そのかわりに囚人 1 は，囚人 2 は約束が持つ誘惑に負けて，

> 囚人 1 が黙秘を選ぶなら自白を，自白を選ぶなら自白を選ぶ．

という実行関数に従って意思決定するだろうと考える．したがって，囚人 1 が，

> 自分は囚人 2 に, (黙秘, 黙秘) という結果の達成に必要な戦略，すなわち「黙秘」という戦略，を選択すると信じられている．

と考えているとすると，囚人 1 は「囚人 2 は自白を選ぶ」と考えるに違いない．すると囚人 1 は，「囚人 2 が自白を選ぶなら自白を選ぶ」という自分の実行関数に従って，自白という戦略を選択することになる．囚人 2 の意思決定も同様に行われるので，囚人 2 も自白を選ぶ．つまりこの場合，合意されている (黙秘, 黙秘) という結果は導かれず，両者ともにとって望ましくない (自白, 自白) という結果が導かれてしまうことがわかる．

では，主体は互いに肯定的な感情を持ってはいるが，しかし，他者に自分が約束に従うと信じられていないと考えている主体が存在する場合ではどうだろうか．もし囚人 1 が，「自分は囚人 2 に黙秘を選択するとは信じられてはいない」

と考えているとすると，囚人1は，「囚人2は自分が自白すると信じている」と考えることになる．また，囚人1は主観的に信用する主体であり，囚人2は囚人1に肯定的な感情を持っているので，

> 囚人2は，囚人1が黙秘を選ぶなら黙秘を，自白を選ぶなら自白を選ぶ．

と考える．したがって，囚人1は囚人2が自白を選ぶと予想する．この結果，囚人1は，自分の誘導戦略((黙秘,黙秘),自白)の通り，脅しの戦略である自白を選ぶ．囚人2の戦略の選択も囚人1の場合とまったく同様に進むので，最終的に(自白,自白)という結果が達成されることなる．

つまり，意思決定主体が互いに他者に対して肯定的な感情を持っているということや，他者に自分が約束に従うと信じられていると考えていることは，合意された結果の達成，そして，囚人のジレンマの状況における「個人の合理性と社会の効率性の矛盾」の克服に必要なことなのである．

次に，否定的な感情の作用が意思決定に影響してくる例として，チキンゲームの状況を分析してみよう．

まず，(避ける,避ける)という結果で合意している場合については，囚人のジレンマの状況の場合とまったく同様の分析になる．すなわち，各主体が正直で，主観的に信用する主体であるとすると，もし各主体が，他者に自分が約束に従うと信じられていると考えていて，かつ，各主体が互いに他者に対して肯定的な感情を持っていれば(避ける,避ける)という結果が導かれる．ではもし，若者1の誘導戦略が((避ける,避けない),避けない)であり，若者2の誘導戦略が((避ける,避けない),避けない)である場合はどうだろう．このとき2人の主体は(避ける,避けない)という結果で合意している．この場合，

- 若者1は，若者2が「避けない」なら「避ける」，「避ける」のなら「避けない」を選ぶ．

- 若者2は，若者1が「避ける」なら「避けない」，「避けない」なら「避けない」を選ぶ．

3.3. 競争の状況の分析

という情報が交換されていることになる．若者1が若者2に伝えた情報は，若者1にとって合理的である．しかし若者2は，(避けない, 避けない) という両者にとって最低の結果が導かれるという危険を覚悟で，最も望ましい (避ける, 避けない) という結果を導こうとしていて，あまり合理的ではない．実際，若者2の情報の脅しには (避けない, 避ける) という誘惑がある．はたして，若者2にとって最も望ましい，そして両方の若者が合意している (避ける, 避けない) という結果は導かれるだろうか．各若者が正直で主観的に信用する主体であるとし，さらに，若者2が若者1に対して否定的な感情を持っているとして分析をしてみよう．

否定的な感情の機能によって，(避けない, 避ける) という誘惑を持っている若者2の脅しが，若者1にとって信じられるものになる．つまり，若者1は，若者2の実行関数は，

> 若者1が「避ける」なら「避けない」，「避けない」なら「避けない」
> を選ぶ

であると信じることになる．若者1は，自分の選択にかかわらず若者2は「避けない」を選ぶ，と予想するのである．その結果，若者1は，

> 若者2が「避けない」なら「避ける」，「避ける」なら「避けない」
> を選ぶ．

という実行関数に従って，「避ける」を選択する．今考えているのは正直な主体であったから，若者2は実際に「避けない」を選択し，(避ける, 避けない) という合意された結果が導かれるのである．

一方，若者2が若者1に対して否定的な感情を持っていない場合には，若者1は，若者2の実行関数は，

> 若者1が「避ける」なら「避けない」，「避けない」なら「避ける」
> を選ぶ

であると信じる．若者1は若者2が脅しに対する誘惑に負けると考えるわけである．この場合，若者1の最終的な戦略の選択は，若者1が若者2に自分が約束に従うと信じられていると考えているか否かに応じて変化してくる．

約束に従うと信じられていると考えている場合には，若者1は若者2が「若者1は避ける」と信じていると考える．そして，上の若者2の実行関数についての認識を使うことで，若者1は「若者2は避けない」と考える．その結果，若者1は自分の実行関数を用いて，「避ける」を選択する．一方，約束に従うと信じられていると考えていない場合には，若者1は若者2が「若者1は避けない」と信じていると考える．若者2の実行関数についての認識により，若者1は「若者2は避ける」と考える．その結果，若者1は自分の実行関数を用いて「避けない」を選択することになる．

囚人のジレンマの状況でもチキンゲームの状況でも，正直で主観的に信頼する主体を考えた場合，合意された結果が導かれるためには，各主体が他者に自分が約束に従うと信じられていると考えていることに加え，主体が互いに他者に対して適切な感情を持っているということが重要であるということがわかった．望ましい意思決定のためには意思決定主体の間の感情を適切な状態に保つ努力が必要であるということが示唆されているといえよう．

第 II 部

感情と社会の戦略

第 II 部「感情と社会の戦略」では，社会の意思決定，特に，姉妹書「柔軟性と合理性 — 競争と社会の非合理戦略 I」の第 7 章で紹介した「会議」における感情の役割が扱われる．意思決定主体の間の相互作用，つまり主体による説得や妥協が，各主体が互いに他者に対して持っている感情によってどのように影響を受け，その結果，意思決定主体全体としての選択がどのように決まってくるかということについての議論が紹介されることになる．特に，主体が持っている感情の構造，主体の間の情報交換，そして主体全体としての意思決定の間の関係が焦点となる．

　まず，第 4 章「感情の安定性」では，社会心理学の知見に基づいた，感情の安定性についての理論が紹介される．ハイダーとニューカムによる安定性の定義や，符号付きグラフの理論による安定性の表現，そしてグラフの分離可能性や集群化可能性による安定性の特徴付けが行われる．この章の内容については，参考文献の Cartwright and Harary [9], Davis [11], Heider [24], Inohara [44] などを参照するとよいだろう．

　次の第 5 章「会議と情報交換」では，社会の意思決定，特に会議の数理的な表現方法を復習し，さらに，会議における主体の間の情報交換の側面と情報交換に対する感情の作用を導入する．情報交換による主体の選好の変化は，主体が持っている感情に応じて決まると想定し，主体が持っている感情と主体の間の情報交換の間の関係を論じる．この章の内容に関連が深い文献としては，猪原・高橋・中野 [36], Inohara, Takahashi and Nakano [38], Inohara [40] などがある．

　第 6 章「感情と会議」では，会議が円滑に進行するための条件や主体の間の情報交換が十分に行われるための条件が扱われる．感情の安定性や会議の形態が，会議の円滑な進行や十分な情報交換に与える影響が明らかになる．特に，過半数のルールや認定投票のルールを採用している会議で十分な情報交換が行われることが，分離可能性や集群化可能性といった性質と密接な関係を持つことが示される．この章の内容の理解の助けになる文献として，Inohara, Takahashi and Nakano [38], Inohara [40, 45] などが挙げられる．

第4章 感情の安定性

　第 I 部「感情と競争の戦略」で扱われていた主体の間の感情は，いわば互いに独立に与えられていた．主体が持っている感情の間の相互作用は考慮されていなかったのである．しかし実際には，主体が持っている感情には何らかの相互作用が存在すると考えられる．例えば，自分が他者に対して肯定的な感情を持っているときには，その他者も自分に対して肯定的な感情を持っている傾向があるとか，自分が肯定的な感情を持っている他者が否定的な感情を与えている第三者に対しては，自分も否定的な感情を持ちやすいといったことが，私たちのまわりには多く見られる．

　このような感情の間の相互作用について扱ったものとして，ハイダーやニューカムによる「感情の安定性」についての理論がある．この章ではまず，ハイダーやニューカムの理論がどのようなものか，そしてこれらが数理的にどのように表現されるのかを見ていく．ハイダーやニューカムの理論を数理的に表現するには，「符号付きグラフ」という数理的な概念が有効であることがわかるだろう．さらにこの章では，ハイダーやニューカムの意味での感情の安定性が，グラフのどのような性質で特徴付けられるかを説明していく．実際，ハイダーの意味での感情の安定性とニューカムの意味での感情の安定性は，それぞれ，グラフの「分離可能性」と「集群化可能性」という性質で特徴付けられる．

4.1　ハイダーの安定性とニューカムの安定性

　主体の感情を扱ううえで「主体の感情の安定性」の考え方は重要である．ここでは，主体の感情はどのようなときに安定しているといえるか，ということに

関する理論について解説していく．社会心理学でバランス理論と呼ばれているこの分野において代表的な位置を占める，ハイダーによる議論とニューカムによる議論を紹介する．

4.1.1 主体の感情

ここでも，第 I 部「感情と競争の戦略」での議論と同じように，すべての主体が互いに他者に対して「肯定的」あるいは「否定的」な感情を与えているとする．肯定的な感情を「+」，否定的な感情を「−」で表す．

任意の $i \in N$ と任意の $j \in N$ に対して，主体 i が主体 j に与えている感情を e_{ij} で表す．e_{ij} の値は + か − である．$e_{ij} = +$ は，主体 i は主体 j に対して肯定的な感情を与えていることを表し，$e_{ij} = -$ は，主体 i は主体 j に対して否定的な感情を与えていることを表す．この表現を用いると，主体 i が自分も含めた主体に対して持っている感情は $(e_{ij})_{j \in N}$ と書くことができる．これを e_i で表し，主体 i の感情と呼ぶ．さらに，+ と − には通常の意味での「掛け算」が定義されているとする．つまり，$+ \times + = - \times - = +$ であり，$+ \times - = - \times + = -$ とするのである．このことは表 4.1 のように表現される．

表 4.1: 感情の掛け算

符号	+	−
+	+	−
−	−	+

4.1.2 ハイダーの安定性

意思決定主体の全体の集合 $N = \{1, 2, \ldots, n\}$ と，各主体 $i \in N$ の感情 e_i が与えられているとする．主体のうち 1 人に注目し，その主体 $i \in N$ から見た，

4.1. ハイダーの安定性とニューカムの安定性

- その主体 i の, ある他者 j への感情: e_{ij}
- その主体 i の, もう 1 人の他者 k への感情: e_{ik}
- 他者 j の, もう 1 人の他者 k への感情: e_{jk}

の間の関係を見る. これらの感情の組み合わせは, 図 4.1 のように 8 通りある. このうちどれが主体 i にとって安定しているといえるだろうか.

図 4.1: 主体 i から見た 3 つの感情

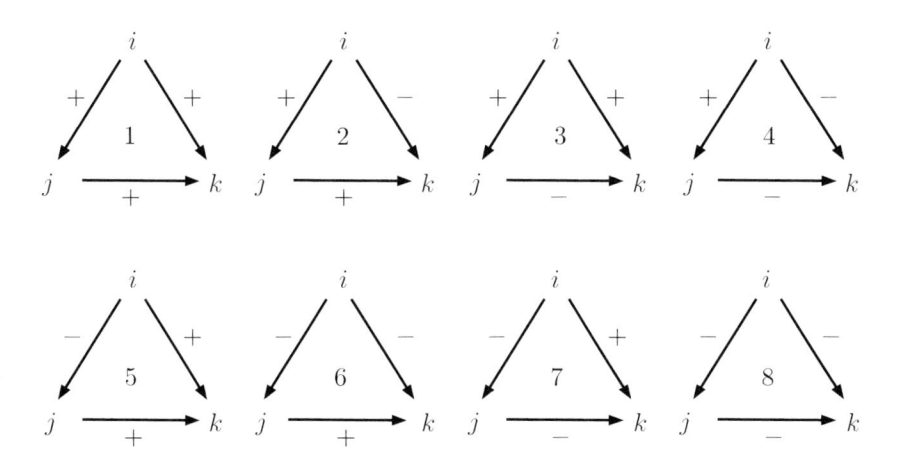

ハイダーは, 上の 8 通りのうち, 1, 4, 6, 7 番目が安定していて, 2, 3, 5, 8 は不安定である, としている. すなわち,

- 自分が肯定的な感情を与えている人と意見が一致していれば安定, 一致していなければ不安定.
- 自分が否定的な感情を与えている人と意見が異なっていれば安定, 異なっていなければ不安定.

であるというのである.

4.1.3 ニューカムの安定性

一方ニューカムは，ハイダーとは少し異なった主張をしている．

ニューカムは，上の8通りのうち，1，4，5，6，7，8番目が安定していて，その他の，2，3番目は不安定であるとしている．すなわち，

- 自分が肯定的な感情を与えている人と意見が一致していれば安定，一致していなければ不安定．

- 自分が否定的な感情を与えている人の意見はどうでもよく，したがって，意見が一致していても一致していなくても安定．

であるというのである．

4.2 符号付きグラフ

ハイダーとニューカムの主張は，符号付きグラフを用いて数理的に表現することが可能である．まず，符号付きグラフの定義をしよう．

4.2.1 符号付きグラフの定義

符号付きグラフとは，「頂点」全体の集合，2つの頂点を結ぶ「辺」全体の集合，そして，辺の上に割り当てられた「符号」という3つの要素からなる．ここでは，任意の2つの頂点に対して，その間に向きが付いた辺があり，また，任意の辺に対して，+または−のうちちょうど1つの符号が割り当てられているような符号付きグラフだけを考える．

定義 4.1 (符号付きグラフ) N を頂点全体の集合とし，任意の $i \in N$ と任意の $j \in N$ に対して，順序付けられた組 (i, j) を辺と呼ぶ．各辺 (i, j) は，+または−という符号のうちいずれか1つを割り当てられている．辺 (i, j) に割り当てられた符号を $e_{ij} \in \{+, -\}$ で表すものとする．すべての辺 (i, j) に関して，そこに割り当てられている符号を並べたもの $(e_{ij})_{i,j \in N}$ を，N 上の符号と呼び，e

で表す．符号付きグラフとは，頂点全体の集合 N と N 上の符号 e の組 (N,e) のうち，任意の $i \in N$ に対して，$e_{ii} = +$ を満たすようなものである． □

ここでは，符号付きグラフの各頂点 $i \in N$ は，意思決定主体 $i \in N$ を表し，任意の $i \in N$ と任意の $j \in N$ に対して，辺 (i,j) に割り当てられた符号 e_{ij} は，主体 i が主体 j に対して持っている感情を表すと解釈される．主体が互いに他者に対して持っている感情が，1つの符号付きグラフでうまく表現されていることに気がついてほしい．また，ここで考える符号付きグラフは，「任意の $i \in N$ に対して，$e_{ii} = +$ を満たすようなもの」だけである．これは，主体は通常自分自身に対しては，肯定的な感情を持っているという心理学的な傾向を反映したものである．以下では，符号付きグラフ (N,e) が，意思決定主体と感情という主体の間の関係を表現しているものとして捉え，これを「意思決定集団」と呼ぶこともある．3つの頂点からなる符号付きグラフの例が図 4.2 に示されている．

図 4.2: 符号付きグラフの例

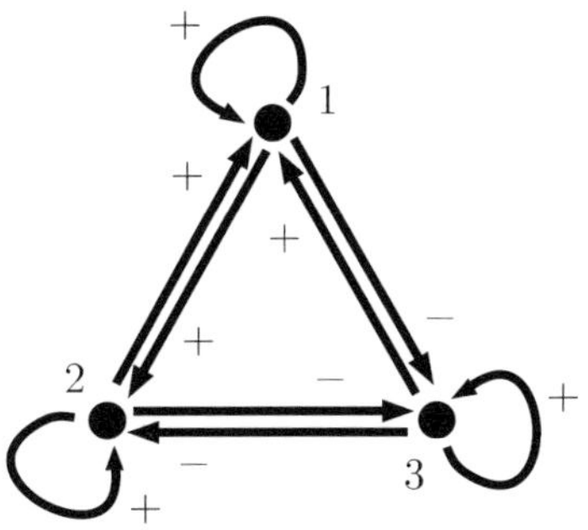

4.2.2 安定性の表現

カートライトとハラリーは，ハイダーの意味での感情の安定性が次のようにいいかえられることに気がついた（Cartwright and Harary [9] を参照）．

主体 i から見て, e_{ij}, e_{ik}, e_{jk} の間の関係がハイダーの意味で安定で
あるのは, $e_{ij} \times e_{ik} \times e_{jk} = +$ のときである

さらに, すべての主体の感情 $e = (e_i)_{i \in N} = ((e_{ji})_{j \in N})_{i \in N}$ を考え, e が安定しているということを, 任意の $i, j, k \in N$ に対して, 主体 i から見て e_{ij}, e_{ik}, e_{jk} の間の関係がハイダーの意味で安定であるときとして定義しよう. 定義の形で書くと次のようになる.

定義 4.2 (感情のハイダーの意味での安定性) 意思決定集団 (N, e) を考える. 主体の感情 e がハイダーの意味で安定であるとは, 任意の $i, j, k \in N$ に対して,

$$e_{ij} \times e_{ik} \times e_{jk} = +$$

が成り立っているときをいう. □

同じように, ニューカムの意味での感情の安定性は,

主体 i から見て, e_{ij}, e_{ik}, e_{jk} の間の関係がニューカムの意味で安定
であるのは, $e_{ij} = -$ であるとき, あるいは $e_{ik} = e_{jk}$ のときである

といいかえることができる. ハイダーの意味での安定性のときと同様に, 主体の感情 e がニューカムの意味で安定しているということを定義すると,

定義 4.3 (感情のニューカムの意味での安定性) 意思決定集団 (N, e) を考える. 主体の感情 e がニューカムの意味で安定であるとは, 任意の $i, j, k \in N$ に対して,

$$e_{ij} = - \quad \text{または} \quad e_{ik} = e_{jk}$$

が成り立っているときをいう. □

となる.

4.3 安定性の特徴付け

意思決定集団の感情が安定であるかどうかを判定するのは, 主体の数が少ない場合には容易である. しかし, 主体の数が多くなると, ハイダーの意味やニュー

カムの意味での安定性の条件が成り立っているかどうかを直接確かめるのは大変である．3人の主体の選び方すべてに対して，安定性の条件が成立しているかどうかを調べなければならないからである．

この問題に対してカートライトとハラリー（Cartwright and Harary [9] を参照）は，次の定理により，主体の感情がハイダーの意味で安定しているかどうかをすぐに判別できるようにした．

定理 4.1 (ハイダーの意味での安定性の特徴付け) 意思決定集団 (N,e) において，主体の感情 e がハイダーの意味で安定しているのは，N のある分割 $\{X_1,X_2\}$（ただし，$X_1=\emptyset$ あるいは $X_2=\emptyset$ であってもよいとする）が存在して，

　　任意の $i,j \in X_a$ （ただし $a=1$ かつ 2）に対して，$e_{ij}=+$ であり，

かつ

　　任意の $i \in X_1$ と任意の $j \in X_2$ に対して $e_{ij}=-$ である

とき，またそのときに限る． □

(証明) 意思決定集団 (N,e) において，主体の感情 e がハイダーの意味で安定しているとしよう．条件を満たすような X_1 と X_2 を見つければよい．任意に $i \in N$ を選び，$e_{ij}=+$ であるような $j \in N$ 全体の集合を X_1，$e_{ij}=-$ であるような $j \in N$ 全体の集合を X_2 とする．任意の $i \in N$ に対して $e_{ii}=+$ であると仮定しているので，$i \in X_1$ である．この X_1 と X_2 が条件を満たすことを示す．

- 任意の $k,l \in X_1$ に対して，$e_{ik}=+$，かつ，$e_{il}=+$ であり，安定の条件から $e_{ik} \times e_{kl} \times e_{il}=+$ である．よって $e_{kl}=+$ となる．

- 任意の $k,l \in X_2$ に対して，$e_{ik}=-$，かつ，$e_{il}=-$ であり，安定の条件から $e_{ik} \times e_{kl} \times e_{il}=+$ である．よって $e_{kl}=+$ となる．

- 任意の $k \in X_1$ と任意の $l \in X_2$ に対して，$e_{ik}=+$，かつ，$e_{il}=-$ であり，安定の条件から $e_{ik} \times e_{kl} \times e_{il}=+$ である．よって $e_{kl}=-$ となる．

よって，上の X_1 と X_2 は条件を満たす．

逆に，条件を満たす X_1 と X_2 が存在するとして，主体の感情 e がハイダーの意味で安定であることを示そう．N の中から任意に i, j, k をとる．すると，

1. $i, j, k \in X_a$ ($a = 1$ または 2) の場合
2. $i, j \in X_a, k \in X_b$ ($a \neq b$) の場合
3. $i, k \in X_a, j \in X_b$ ($a \neq b$) の場合
4. $i \in X_a, j, k \in X_b$ ($a \neq b$) の場合

の 4 通りが考えられる．1. の場合，e_{ij}, e_{jk}, e_{ik} はいずれも $+$ なので，$e_{ij} \times e_{jk} \times e_{ik} = +$ である．2. の場合，$e_{ij} = +, e_{jk} = -, e_{ik} = -$ なので，$e_{ij} \times e_{jk} \times e_{ik} = +$ である．3. の場合，$e_{ij} = -, e_{jk} = -, e_{ik} = +$ なので，$e_{ij} \times e_{jk} \times e_{ik} = +$ である．4. の場合，$e_{ij} = -, e_{jk} = +, e_{ik} = -$ なので，$e_{ij} \times e_{jk} \times e_{ik} = +$ である． ∎

4.3.1 分離可能性と集群化可能性

定理 4.1 から，主体の感情が安定していると，グループの内部では主体が互いに肯定的な感情を与えあっていて，グループ間では主体が互いに否定的な感情を与えあっている，ということが成り立っている 2 つのグループに主体全体を分けることができる，ということがわかる．主体全体がこのような 2 つのグループに分けることができるとき，この主体の集合は「分離可能性」を満たすという．定義を与えておこう．

定義 4.4 (分離可能性) 意思決定集団 (N, e) が分離可能であるとは，N のある分割 $\{X_1, X_2\}$（ただし，$X_1 = \emptyset$ あるいは $X_2 = \emptyset$ であってもよいとする）が存在して，

任意の $i, j \in X_a$（ただし $a = 1$ かつ 2）に対して，$e_{ij} = +$ であり，

4.3. 安定性の特徴付け

かつ

　　　任意の $i \in X_1$ と任意の $j \in X_2$ に対して $e_{ij} = -$ である

ときをいう. □

　定理 4.1 は, ハイダーの意味での安定性と分離可能性が同値な概念であるということを示しているのである. 図 4.3 は分離可能な集団の例である.

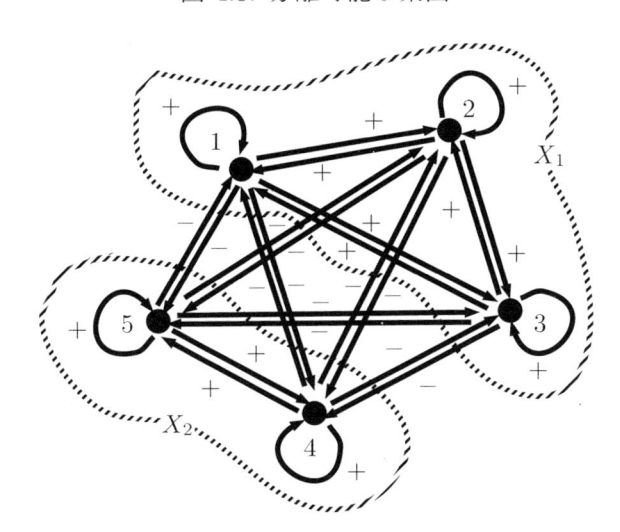

図 4.3: 分離可能な集団

　分離可能性の概念は「集群化可能性」の概念に一般化できる. 分離可能性が「2つ」のグループへの分割を考えているのに対し, 集群化可能性は, 「複数の」グループへの分割を考える. グループの数を 2 つに限らず, 3 つ以上でもよいとするのである. 図 4.4 が集群化可能な集団の例を与えている. 集群化可能性の定義は次のようになる.

定義 4.5 (集群化可能性)　意思決定集団 (N, e) が集群化可能であるとは, N のある分割 $\{X_1, X_2, \ldots, X_m\}$ （ただし, $X_1, X_2, \ldots, X_m$ は空集合であってもよ

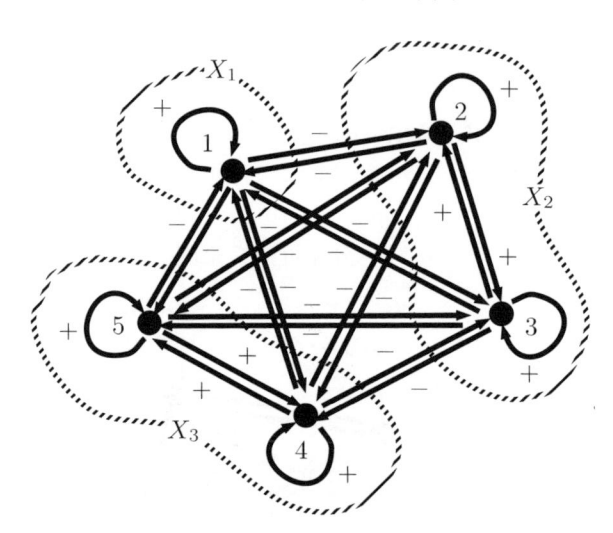

図 4.4: 集群化可能な集団

いとする）が存在して，

> 任意の $i, j \in X_a$（ただし $a = 1, 2, \ldots, m$）に対して，$e_{ij} = +$ であり，

かつ

> 任意の $i \in X_a$ と任意の $j \in X_b$（ただし $a \neq b$）に対して $e_{ij} = -$ である

ときをいう． □

4.3.2 集群化可能性とニューカムの安定性

意思決定集団の分離可能性は，主体の感情のハイダーの意味での安定性と同値であった．分離可能性という，集団全体が持っている性質が，感情の安定性と

4.3. 安定性の特徴付け

いう主体それぞれの性質から定義される社会心理学的な概念によって特徴付けられたわけである. では, 集団の集群化可能性は, 主体それぞれの性質に関するどのような社会心理学的な概念で特徴付けることができるだろうか.

デイビスは「セミ・サイクル」の考え方を使って, 集団の集群化可能性を特徴付けた (Davis [11] を参照). セミ・サイクルの定義から見ていこう.

定義 4.6 (セミ・サイクル) 符号付きグラフ (N, e) において, 辺の集合 C がセミ・サイクルであるとは, ある主体の列 $i_1, i_2, \ldots, i_m, i_{m+1} (= i_1)$ が存在して, 任意の k (ただし, $k = 1, 2, \ldots, m$) に対して,

$$(i_k, i_{k+1}) \in C \quad \text{または} \quad (i_{k+1}, i_k) \in C$$

が成り立っているときをいう. □

デイビスによる集群化可能性の特徴付けは次のようなものである.

定理 4.2 (デイビスによる集群化可能性の特徴付け) 意思決定集団 (N, e) が集群化可能なのは, (N, e) の中の任意のセミ・サイクルが, ちょうど1つの負の辺を持つものではないとき, またそのときに限る. □

(証明) (N, e) が集群化可能であるとする. (N, e) の中に, ちょうど1つの負の辺を持つセミ・サイクル C があるとして矛盾を導き, 背理法を用いて証明する.

セミ・サイクル C に対して主体の列 $i_1, i_2, \ldots, i_m, i_{m+1} (= i_1)$ が存在して, 任意の k (ただし $k = 1, 2, \ldots, m$) に対して, $(i_k, i_{k+1}) \in C$ か, または $(i_{k+1}, i_k) \in C$ が成り立っている. ちょうど1つの負の辺が (i_1, i_2) である, つまり $e_{i_1 i_2} = -$ としてかまわない.

(N, e) は集群化可能であるので, 複数のグループ $X_1, X_2, \ldots, X_m$ に分割される. 今 $e_{i_1 i_2} = -$ なので, $i_1 \in X_1$ かつ $i_2 \in X_2$ であるとしてよい. 一方, 任意の $k = 2, \ldots, m$ に対して, $e_{i_k i_{k+1}} = +$ か $e_{i_{k+1} i_k} = +$ が成り立っているので, $i_2, i_3, \ldots, i_m, i_{m+1} = i_1 \in X_2$ である. つまり, $i_1 \in X_1 \cap X_2$ となり, これは矛盾である. したがって, (N, e) の中にはちょうど1つの負の辺を持つセミ・サイクル は存在しない.

逆に, (N, e) の中の任意のセミ・サイクルがちょうど1つの負の辺を持つもの

ではない，ということが成り立っているとし，そのとき集群化可能性の条件が成立していることを示す．

任意に $i_1 \in N$ を選び，$e_{i_1 j} = +$ であるような $j \in N$ 全体の集合を X_1 とする．このとき，

1. 任意の $j, k \in X_1$ に対して $e_{jk} = +$ である．なぜなら，$e_{jk} = -$ であるとすると，$\{(i_1, j), (j, k), (k, i_1)\}$ はちょうど1つの負の辺を持つセミ・サイクルとなってしまう．
2. 任意の $j \in X_1$ と，任意の $l \in N \setminus X_1$ に対して $e_{jl} = e_{lj} = -$ である．なぜなら，$e_{jl} = +$（あるいは $e_{lj} = +$）であるとすると，$\{(i_1, j), (j, l), (l, i_1)\}$（または $\{(i_1, j), (l, j), (l, i_1)\}$）はちょうど1つの負の辺を持つセミ・サイクルとなってしまう．

次に，任意に $i_2 \in N \setminus X_1$ を選び，$e_{i_2 j} = +$ であるような $j \in N$ 全体の集合を X_2 とする．このとき，$X_1 \cap X_2 = \emptyset$ であることは上の2．からわかる．さらに，上と同様の議論で，

1. 任意の $j, k \in X_2$ に対して $e_{jk} = +$ である．
2. 任意の $j \in X_2$ と，任意の $l \in N \setminus X_2$ に対して $e_{jl} = e_{lj} = -$ である．

ということがわかる．

同じ手続きを，$X_1, X_2, \ldots$ で N が覆いつくされるまで繰り返す．N が有限の要素を持つ集合なので，この手続きは有限回で終了するはずである．つまり，任意の $q = 2, 3, \ldots$ に対して，任意に $i_q \in N \setminus \cup_{p=1}^{q-1} X_p$ を選び，$e_{i_q j} = +$ であるような $j \in N$ 全体の集合を X_q とするのである．すると，$(\cup_{p=1}^{q-1} X_p) \cap X_q = \emptyset$ であり，さらに，任意の $q = 2, 3, \ldots$ に対して，

1. 任意の $j, k \in X_q$ に対して $e_{jk} = +$ である．
2. 任意の $j \in X_q$ と，任意の $l \in N \setminus X_q$ に対して $e_{jl} = e_{lj} = -$ である．

ということが成り立つ．

このようにして得られる，$X_1, X_2, \cdots, X_m \subset N$ は集群化可能性の条件を満

たすものである. つまり, $X_1, \cdots, X_m$ は N の分割であって, 任意の $i, j \in X_a$ (ただし $a = 1, 2, \ldots, m$) に対しては $e_{ij} = +$ であり, 任意の $i \in X_a$ と 任意の $j \in X_b$ (ただし $a \neq b$) に対しては, $e_{ij} = -$ を満たす. ∎

デイビスによる集群化可能性の特徴付けは, 任意の長さのセミ・サイクルを用いて行われており, 感情の安定性との関連が見えにくい. このことは, 集群化可能性を, ニューカムの意味での安定性を用いて特徴付けすることで解消される. ニューカムの意味での安定性を用いた集群化可能性の特徴付けは次のようなものである.

定理 4.3 (ニューカムの安定性と集群化可能性) 意思決定集団 (N, e) が集群化可能なのは, 主体の感情 e がニューカムの意味で安定しているとき, またそのときに限る. □

(証明) (N, e) が集群化可能であるとしよう. このとき, 集団 N は複数のグループ $X_1, X_2, \ldots, X_m$ に分割される. N の中から任意に i, j, k を選ぶと,

1. ある a が存在して, $i, j, k \in X_a$ である場合
2. $a \neq b$ であるような a, b が存在して, $i, j \in X_a$ かつ $k \in X_b$ である場合
3. $a \neq b$ であるような a, b が存在して, $i, k \in X_a$ かつ $j \in X_b$ である場合
4. $a \neq b$ であるような a, b が存在して, $i \in X_a$ かつ $j, k \in X_b$ である場合
5. 互いに異なる a, b, c が存在して, $i \in X_a$ かつ $j \in X_b$ かつ $k \in X_c$ である場合

という4つの場合が出てくる.

　1.の場合, e_{ij}, e_{jk}, e_{ik} はいずれも $+$ なので $e_{ik} = e_{jk} = +$ となり, ニューカムの意味での安定性の条件が満たされる. 2.の場合, $e_{ij} = +$ で, $e_{ik} = e_{jk} = -$ なので, これもまた, ニューカムの意味での安定性の条件が満たされる. 3.と4.と5.の場合は, いずれも $e_{ij} = -$ なので, この場合もニューカムの意味での安定性の条件が満たされる.

　逆に, 主体の感情 e がニューカムの意味で安定している, つまり, 任意の $i, j, k \in$

N に対して, $e_{ij} = -$ または $e_{ik} = e_{jk}$ が成り立っているとし, このとき集群化可能性の条件が成立していることを示そう.

定理 4.2 のデイビスによる特徴付けの証明のときと同じ手続きで $X_1, X_2, \ldots,$ $X_m \subset N$ を得る. つまり, まず任意に $i_1 \in N$ を選び, $e_{i_1 j} = +$ であるような $j \in N$ 全体の集合を X_1 とする. このとき,

1. 任意の $j, k \in X_1$ に対して $e_{jk} = +$ である. なぜなら, $i_1, j, k \in N$ という組を考えると, $e_{i_1 j} = +$ なので, $e_{i_1 k} = e_{jk}$ でなくてはならない. 今, $e_{i_1 k} = +$ なので, $e_{jk} = +$ である.

2. 任意の $j \in X_1$ と, 任意の $l \in N \setminus X_1$ に対して $e_{jl} = e_{lj} = -$ である. なぜなら, $i_1, j, l \in N$ という組を考えると, $e_{i_1 j} = +$ なので, $e_{i_1 l} = e_{jl}$ でなくてはならない. $e_{i_1 l} = -$ なので, $e_{jl} = -$ である. さらに, $l, j, l \in N$ という組を考えて, $e_{lj} = +$ であると仮定する. すると, $e_{ll} = e_{jl}$ でなくてはならないが, $e_{ll} = +$ かつ $e_{jl} = -$ なので, これは矛盾である. したがって $e_{lj} = -$ である.

となるので, 定理 4.2 のデイビスによる特徴付けの証明のときと同じように, 手続きを繰り返すことができる. そうして得られる, $X_1, X_2, \ldots, X_m \subset N$ は集群化可能性の条件を満たすものである. ∎

この章では, 主体が持っている感情の安定性についての 2 つの議論, すなわちハイダーの意味での安定性と, ニューカムの意味での安定性を取り上げた. 主体の感情が符号付きグラフを用いて記述できることを述べ, さらに, ハイダーの意味での安定性とニューカムの意味での安定性が数理的に表現されることを見た. そして, ハイダーの意味での安定性が意思決定集団の分離可能性と, ニューカムの意味での安定性が意思決定集団の集群化可能性と, それぞれ同値であることを示した.

続く第 5 章と第 6 章では, この章での議論を踏まえ, 会議や選挙といった社会の意思決定に対して, 主体が持っている感情の安定性がどのような影響を及ぼすかについて調べていく.

第5章　会議と情報交換

　社会の意思決定の状況，特に会議に巻き込まれている意思決定主体は，互いに他者のことを知っていることが多く，このような主体の間には感情が生まれやすい．それまでに何度も互いの利害がからむような意思決定を行ってきた会議のメンバーの間であればなおさらである．では，会議による意思決定と，会議のメンバーである主体が互いに他者に対して持っている感情の間にはどのような関係があるだろうか．

　この章では，まず会議の中の情報交換に注目して，主体が持っている感情と主体の間の情報交換がどのような関係を持っているかについて考えていく．そのため，はじめに，姉妹書「柔軟性と合理性 — 競争と社会の非合理戦略 I」の第7章の内容を復習し，会議の数理的な扱いの基本的な部分を確認する．さらに，会議の特別なものとして，代表者を選ぶ会議を考えて数理的に表現する．続いて，会議の流れの中の情報交換の部分に注目して，その中で起こる「説得」や「妥協」といったことと，主体が互いに他者に対して持っている感情の間の関係についての捉え方を紹介する．この章での情報交換と感情の間の関係の捉え方が，第3章でのものと同等であることを確認してほしい．

5.1　会議の理論

　この章では，会議における主体の間の情報交換と，主体が持っている感情との間の関係を論じる．ここではまず，会議の数理的な扱いについての基礎的な事項を確認するために，姉妹書「柔軟性と合理性 — 競争と社会の非合理戦略 I」の第7章で紹介されている内容を復習しよう．

5.1.1 車選びと選挙

ここで扱う会議の典型的な例として,「車選びの会議」の状況と「選挙」の状況が考えられる.

まず車選びの家族会議として,「父親」,「母親」,「長男」の 3 人からなる家族が, 今度買う車について話し合っている状況を考えよう. 候補に挙がっているのは「白いセダン (W)」,「シルバーのワゴン (S)」,「赤いスポーツ (R)」である. この 3 種類の車のうち, 最終的に過半数, つまり 2 人以上の支持した車が選ばれるとする. 3 人の車に対する好みは表 5.1 のようになっているとする. ただし, 各主体にとって上にある車ほど好ましいとする.

表 5.1: 車に対する好み

父親	母親	長男
W	S	R
S	R	W
R	W	S

姉妹書「柔軟性と合理性 — 競争と社会の非合理戦略 I」の第 7 章で説明されているように, 会議は, 大きく「問題認識」,「情報交換」,「採決」という 3 つの場面に分けられる. 問題認識の場面では

- 会議に参加している主体が誰なのか
- 全体としての最終的な選択を得るための採決のルールは何なのか
- 選択の対象となっている代替案は何なのか, そして,
- 各主体はどんな選好を持っているのか

が, 各主体によって認識される. 今考えている状況であれば, 会議への参加者は父親, 母親, 長男の 3 人である. 採決のルールは過半数のルールであり, また, 代

5.1. 会議の理論

替案は，白，シルバー，赤の3台の車である．そして，各主体の選好は表5.1で表されている．

この例では，3人の選好は完全に異なっている．しかし全体としては，なんとかして買うべき車を選ばなければならない．そこで3人はそれぞれ，2番目の情報交換の場面で，他者に対して説得を行うことで他者の妥協を引き出そうとする．例えば父親は長男の選好を変えるために長男を説得する．また長男は母親と話し合って妥協を引き出そうとする．

姉妹書「柔軟性と合理性 — 競争と社会の非合理戦略I」の第8章，第9章では，主体の妥協を引き起こすものは「主体の柔軟性」であると仮定されていた．しかし本章と次章では，主体の妥協を引き起こすのは「主体が持っている感情」であると想定する．具体的には，肯定的な感情は妥協を引き出す作用を持ち，否定的な感情は妥協を引き出さないと考える．例えば，母親が長男に肯定的な感情を持っていれば母親は妥協しやすいし，また長男が父親に対して否定的な感情を持っているなら，父親が長男をいくら説得しても長男は妥協しないと考えるのである．感情が持っている情報交換に対する作用についての仮定が次節で述べられ，その仮定に基づいた，感情と情報交換と社会の意思決定の間の関係についての分析が次章で紹介される．

会議のもう1つの典型例としては選挙が挙げられる．選挙も，上記の車選びの家族会議と同様に，

- 選挙に参加している主体は誰か

- 全体としての最終的な選択を得るための採決のルールは何か

- 選択の対象となっている代替案は何か，そして，

- 各主体はどんな選好を持っているのか

が特定されることで意思決定状況が定まる．選挙の場合，意思決定を行う主体は投票者であり，代替案は候補者である．通常，候補者は投票者でもある．本章で，投票者全体の集合と候補者全体の集合が一致している場合と，そうでない場合，すなわち，候補者全体の集合が真に投票者全体の部分集合になっている場合と

に分けて選挙を定義し,次章でそれぞれにおける情報交換と主体が持っている感情,そして最終的な意思決定の間の関係を分析していく.

分析の際,採用している採決のルールが認定投票のルールであるような選挙に注目して分析を進める.認定投票とは,投票者は自分にとって好ましい候補者を何人でも選んでもよく,そのすべてに票を与えることができるというものである.いいかえれば,各主体はすべての候補者に対して信任・不信任の投票をするのである.そして,すべての票を集計し,獲得した票の数が最も多い候補者が当選となる.各主体が自分にとって最も好ましいと考える主体を1人だけ選んで投票する通常の過半数のルールとは異なる.

このような選挙においては,投票者は各候補者に対して,票を与えるか与えないかの決定を行うことになる.次章の分析では,この決定は,投票者が持っている候補者に対する感情に従って行われるものとする.つまり,投票者がある候補者に対して肯定的な感情を持っていれば,その投票者はその候補者に対して票を与え,逆に否定的な感情を持っていれば票を与えないとするのである.

5.1.2 会議の定義

会議の数理的な定義を,姉妹書「柔軟性と合理性 — 競争と社会の非合理戦略I」の第7章に従って与える.まず,採決のルールを表現するために「シンプルゲーム」の考え方が必要である.意思決定主体全体の集合 $N = \{1, 2, \ldots, n\}$ が与えられているものとする.

定義 5.1 (シンプルゲーム) シンプルゲームとは,意思決定主体全体の集合 $N = \{1, 2, \ldots, n\}$ と,N の部分集合の族 W の組 (N, W) のうち,

- $\phi \in W$ かつ $N \in W'$

- 任意の $S, T \subset N$ に対して,もし $S \subset T \subset N$ かつ $S \in W$ ならば $T \in W$ である

という条件を満たすものである.W の要素を勝利提携と呼ぶ. □

5.1. 会議の理論

シンプルゲームは，会議が採用している採決のルールを表現するために利用できる．例えば，ある代替案に，会議に参加している主体のうち過半数が賛成しているときにはその代替案が最終的な決定として選ばれるという「過半数のルール」であれば，

定義 5.2 (過半数のルール) シンプルゲーム (N,W) が過半数のルールであるとは，任意の $S \subset N$ に対して，

$$S \in W \Leftrightarrow |S| > |N|/2$$

が成り立っている場合をいう． □

と表現できる．

会議は，主体の集合，採決のルール，代替案の集合，そして代替案に対する各主体の選好が特定されることで定義される．数理的には次のような定義になる．

定義 5.3 (会議) 会議とは，意思決定主体の集合 N，採決のルール W，代替案の集合 A，各主体の代替案に対する選好 $R = (R_i)_{i \in N}$ という 4 つの要素の組 (N, W, A, R) である．ただし，組 (N, W) はシンプルゲームになっていて，任意の $i \in N$ に対して R_i は A 上の線形順序であるとする．会議 (N, W, A, R) を C という記号で表す． □

次章での分析では，会議に参加している主体は互いに他者に対して感情を持っていると仮定される．そこでここでは定義 5.3 の意味での会議 (N,W,A,R) と主体が持っている感情 e の組 (N,W,A,R,e) を，改めて「会議」として定義しなおす．

定義 5.4 (会議) 会議とは，定義 5.3 における会議 (N,W,A,R) と主体の感情 $e = (e_i)_{i \in N} = ((e_{ji})_{j \in N})_{i \in N}$ の組 (N,W,A,R,e) のうち，(N,e) が符号付きグラフになっているものである． □

5.1.3 選択集団と選挙集団

一般的には,「選挙」も会議という概念で表現できる.しかしここでは少し対象を限定するので,数理的な表現方法が異なってくる.

ここで考える選挙は,候補者が投票者でもある選挙である.そのような選挙を,投票者全体の集合と候補者全体の集合が一致している場合と,候補者全体の集合が真に投票者全体の部分集合になっている場合とに分ける.前者のような意思決定を行っている集団を「選択集団」と呼び,後者のような意思決定を行っている集団を「選挙集団」と呼ぶ.

いずれの集団においても採決のルールとしては「認定投票のルール」が採用されているものとする.したがってここでは,シンプルゲームなどの概念を用いて改めて採決のルールを特定する必要がなくなる.また,投票者が持っている候補者に対する選好は投票者が候補者に対して持っている感情によって表現されているとするので,投票者の選好を与えるかわりに投票者の感情を与えればよい.さらに,各投票者は互いに他者に対して感情を持っていると仮定されるので,結局1つの選挙は,投票者の集合,投票者の感情,候補者の集合を特定することで定義されることになる.

特に,選択集団においては,投票者全体の集合と候補者全体の集合が一致している.したがって,選択集団の数理的な表現は,前章で定義された符号付きグラフによってなされる.

定義 5.5 (選択集団) 選択集団とは,符号付きグラフ (N, e) のうち,

(∗)　任意の $i \in N$ に対して,

ある $j \in N$ が存在して $e_{ij} = +$ であり,かつ,ある $j' \in N$ が存在して $e_{ij'} = -$ である.

という条件を満たすものである. □

認定投票のルールにおいては,すべての候補者に対して票を与えたり,逆に,すべての候補者に対して票を与えなかったりすることができる.しかしこのような票は集団全体としての意思決定に影響を与えない無効票となってしまう.こ

こでは，議論を簡単にするために，選択集団の定義に $(*)$ という条件を設け，選択集団においては無効票は投じられないものと仮定する．

一方，選挙集団では，候補者全体の集合が真に投票者全体の部分集合になっているので，数理的な表現は，符号付きグラフと候補者全体を表す集合の組となる．

定義 5.6 (選挙集団) 選挙集団とは，符号付きグラフ (N, e) と候補者全体の集合 $C \subset N$ の組 (N, e, C) のうち，

  $(*)$ 任意の $i \in N$ に対して，

  ある $j \in C$ が存在して $e_{ij} = +$ であり，かつ，ある $j' \in C$ が存在して $e_{ij'} = -$ である

という条件を満たすものである． □

選挙集団の定義における条件 $(*)$ も，選択集団のときと同じように，無効票を禁じるための条件である．

5.2 説得と妥協

本章と次章では，会議や選択集団および選挙集団においては，状況に巻き込まれている主体は互いに情報交換を行い，それによって自分たちの選好を変化させていくと考える．情報交換とそれに伴う選好の変化は，具体的には，ある主体の他者に対する「説得」と，それに伴う他の主体の「妥協」として捉えられよう．また，主体の説得は，主体が互いに他者に対して持っている感情によって行われたり行われなかったりし，同様に，説得に伴う妥協も，感情によって引き起こされたり引き起こされなかったりすると仮定される．ここでは，主体の間の情報交換における感情の機能についての仮定を述べ，さらにその仮定に基づいて，「主体の集団の中で意思決定に関わる情報交換が十分に行われた」状態を表現する「交渉整合性」という概念を定義する．

5.2.1　会議の流れと情報交換

　前節や姉妹書「柔軟性と合理性 — 競争と社会の非合理戦略 I」の第 7 章でも触れたように，会議や選挙の意思決定状況は「問題認識」，「情報交換」，「採決」という 3 つの場面を持ち，この順に進んでいく．問題認識の場面において意思決定状況を把握した主体たちは，通常，情報交換の場面のはじめには，自分たちが代替案や候補者に対して持っている選好が互いに異なっていて，その時点で採決を行ったとしても何も決まらないということに気がつくはずである．そこで主体たちは，集団全体としての最終的な決定を得るため，そして自分にとってより望ましい決定を導くために，互いに情報交換を行う．

　会議や選挙の状況においては，同じ選好を持っている主体が多ければ多いほどその選好が集団全体の最終的な決定として採用されやすい．したがって，自分にとってより望ましい選好を達成しようとしている主体たちは，自分と同じ選好を持っている他者をできるだけ増やすような情報交換を行うことになる．特に，同じ選好を持っている主体の間では情報交換は起こらない．そのような情報交換は，互いの状態の確認にはなるかもしれないが，自分と同じ選好を持っているような他者を新たに増やすことにはならないからである．

　ある選好が集団全体としての最終的な決定になるためには，一般には，すべての主体がその選好に賛成していなければならないわけではなく，採決のルールに応じて，その選好に賛成している主体が勝利提携を形成できればよい．したがって，情報交換の過程で，少なくとも 1 つの勝利提携に対して，そこに属している主体すべてから支持されているような選好が出現したときには，その時点で情報交換の場面が終了し，会議は採決の場面に移行することになる．

5.2.2　感情の機能

　上で述べたように，2 人の主体が持っている選好が同じなら，その 2 人の主体の間には情報交換は起こらない．では選好が異なる主体の間には必ず情報交換が起こるだろうか．説得を非常に低い労力で行うことができるのであれば，そうかもしれない．しかし現実には，他者の説得には手間がかかる場合が多い．一方

5.2. 説得と妥協

で, ほとんど労力をかけずに説得を成功させることができる場合もある. ではある主体にとって, どのような他者に対する説得が容易で, どのような他者に対する説得が困難なのだろうか. 当然, 主体は説得が容易な他者に対して説得を行いたがるであろう.

ここでは, 他者が自分に対して持っている感情が, その他者に対する説得の難易に影響を及ぼすと仮定する. 具体的には,

- 自分に対して肯定的な感情を持っている他者に対する説得は成功しやすい.
- 自分に対して否定的な感情を持っている他者に対する説得は成功しにくい.

とするのである. このような, 情報交換に関する感情の機能は, 第2章と第3章で紹介したソフトゲーム理論における感情の機能と整合するものである.

ソフトゲーム理論では, 感情の機能として次のものを想定していた.

- 肯定的な感情は献身的な行動を導く.
- 否定的な感情は攻撃的な行動を導く.

ただし, ソフトゲーム理論における「献身的な行動」と「攻撃的な行動」は, それぞれ, 「誘惑が存在する約束を実行する」ということと, 「誘惑が存在する脅しを実行する」ということであった.

今, 会議や選挙の状況における「献身的な行動」と「攻撃的な行動」として, それぞれ, 「他者からの説得に応じて, 妥協する」ということと, 「他者からの説得に応じず, 妥協しない」ということを考えれば, 「肯定的な感情は妥協を導き, 否定的な感情は妥協を導びかない」という感情の機能についての仮定が導かれ, さらに, 上で述べた, 会議や選挙における感情の機能についての仮定が, ソフトゲーム理論での感情の機能についての仮定と整合するということがわかる.

上のような感情の機能についての仮定を踏まえて, ここでは,

> 主体は成功しやすい説得だけを行い, 逆に, 成功しにくい説得は行わない

と仮定する. さらに,

成功しやすい説得は実際に成功し，説得された主体の選好は説得を
　　　行った主体の選好になる

ものとする．結局，ここで想定されている主体の間の情報交換は，

- 2 人の主体の選好が同じなら，その 2 人の間の情報交換は起こらない．
- 2 人の主体の選好が違い，その 2 人の間に肯定的な感情が存在すれば，説得が起こりそれは必ず成功する．
- 2 人の主体の選好が違っていても，その 2 人の間に否定的な感情しか存在しなければ，その 2 人の間の情報交換は起こらない．

という性質を持っていることになる．

　もちろんこのような感情の機能を仮定することで，現実の状況における次のような事柄が十分には扱われなくなる．

1. 現実の状況では，肯定的な感情が必ず妥協を導くとはいい切れず，また否定的な感情が決して妥協を導くことはないとはいい切れない．
2. 現実の状況では，妥協する際，相手とまったく同じ選好になってしまうとは限らず，一般には，相手の選好に「近づく」だけである．
3. 現実の状況では，否定的な感情を持っていると，選好が変化しないということに加えて，自分の選好を相手の選好から「遠ざける」ことが考えられる．

　このうち 2 番目の点については，第 6.2 節で，選好の間の距離を想定することで扱われることになる．しかし，ここで想定した感情の機能だけからでも意思決定に関して意味のある示唆を得られるので，その他の点については本書では扱わず，ここまでに述べてきたような仮定を採用することにする．

5.2.3　交渉整合性

　感情の機能について上記のような仮定をすると，主体の間の情報交換が進んでいくにつれ，どの主体にとっても説得するべき他者が存在しなくなる状態になる可能性がある．すなわち，

5.2. 説得と妥協

どの主体にとっても他者それぞれが，自分に対して否定的な感情を
持っている，あるいは自分と同じ選好である，のいずれかである

という状態である．このような状態は，「主体の集団の中で意思決定に関わる情報交換が十分に行われた」状態であると考えられ，ここでは，この状態を「交渉整合性」という概念で表現する．もちろん，意思決定状況が会議であるか選挙であるかに応じて，また集団が選択集団であるか選挙集団であるかに応じて，「同じ選好を持っている」ということが表す状態が異なるので，結果として各状況での交渉整合性の定義は少しずつ違ってくる．それぞれの場合に対して交渉整合性の定義を与えておこう．

定義 5.7 (会議における交渉整合性) 会議 (N, W, A, R, e) が交渉整合性を満たすとは，任意の $i, j \in N$ に対して，

$$e_{ji} = - \quad \text{または} \quad \max R_i = \max R_j$$

であるときをいう． □

会議での意思決定は「代替案の中から全体としてちょうど1つのものを選び出す」というものであるので，2人の主体それぞれが最も好んでいる代替案が一致していれば，その2人は「同じ選好を持っている」と考えてよい．このことは，交渉整合性の定義の中の「$\max R_i = \max R_j$」の部分に反映されている．

定義 5.8 (選択集団における交渉整合性) 選択集団 (N, e) が交渉整合性を満たすとは，任意の $i, j \in N$ に対して，

$$e_{ji} = - \quad \text{または} \quad [\text{任意の } k \in N \text{ に対して } e_{ik} = e_{jk}]$$

であるときをいう． □

選択集団における代替案の集合は，意思決定主体全体の集合 N そのものであり，それに対する主体の選好は，主体が持っている感情 e で表現されている．したがって，2人の主体が「同じ選好を持っている」というのは，その2人の主体

が持っている他者に対する感情がすべて一致しているということと考えられる.このことは定義の中の「任意の $k \in N$ に対して $e_{ik} = e_{jk}$」の部分で表現されている.

定義 5.9 (選挙集団における交渉整合性) 選挙集団 (N, e, C) が交渉整合性を満たすとは, 任意の $i, j \in N$ に対して,

$$e_{ji} = - \quad \text{または} \quad [\text{任意の } k \in C \text{ に対して } e_{ik} = e_{jk}]$$

であるときをいう. □

選挙集団における代替案の集合は, 候補者全体の集合 C である. したがって, そこに属する各候補者に対する感情が一致していれば,「同じ選好を持っている」と考えてよい. このことは定義の中の「任意の $k \in C$ に対して $e_{ik} = e_{jk}$」の部分で表現されている.

この章では, 会議の中での情報交換とそれに関する感情の機能について説明した. また, 次の第 6 章の考察の対象となる意思決定状況として, 会議, 選択集団, 選挙集団という 3 つのタイプを数理的に定義した. さらに,「主体の集団の中で意思決定に関わる情報交換が十分に行われた」状態を表すために, 交渉整合性という概念を定義した. 第 6 章では, 本章での準備を踏まえ, 会議の円滑な進行や選挙における十分な情報交換に対して, 第 4 章で議論した感情の安定性がどのような関係を持っているかを明らかにする. 会議や選挙が用いている採決のルールと交渉整合性の概念, そして感情の安定性の考え方が互いに深く関連しあっているということを理解してほしい.

第6章 感情と会議

　第4章「感情の安定性」では，主体が持っている感情がどのような構造を持つ傾向にあるかということについての議論を見た．ハイダーの安定性とニューカムの安定性は，それぞれ，符号付きグラフの分離可能性と集群化可能性で特徴付けできるのであった．次に第5章「会議と情報交換」では，会議に参加している主体が持っている感情と，主体の間の情報交換の間の関係について論じた．主体による説得の成功は主体が持っている感情に依存することや，会議において十分に情報交換が行われたという状態が，交渉整合性という概念によって，感情と関係付けられた形で数理的に定義されることを確認した．

　この章では，前の2つの章の内容を踏まえて，会議が円滑に進行するためにはどのような条件が満たされていればよいかということや，選挙において十分に情報交換が行われたということが感情の安定性の側面からどのように特徴付けられるかということについての議論を紹介する．感情の安定性や，会議および選挙の形態によって，会議の円滑な進行や十分な情報交換が影響を受けるということを理解してほしい．特に，過半数のルールや認定投票のルールを採用している会議や選挙で十分な情報交換が行われることが，分離可能性や集群化可能性といった性質と密接な関係を持つことを確認してほしい．

6.1　会議の円滑化

　会議は，「停滞」と呼ばれる状態に陥る可能性がある．停滞とは，全体としての決定が得られてはいないが，しかし，かといって情報交換が行われているわけではない状態である．会議がこのような状態に陥ると，意思決定が遅れて，その

決定を必要とする集団の活動が停止してしまう．また会議に関わっている主体も，その会議に拘束され他の活動への参加ができなくなる．つまり，会議の停滞はさまざまな形の非効率を生み出すものであり，したがって，会議は停滞という状態に陥るべきではない．この節では，会議において，停滞が起こらず円滑に意思決定が行われるための条件を探る．

6.1.1 会議の停滞

まず，会議の停滞を数理的に表現しよう．会議 (N, W, A, R, e) が与えられているものとする．

停滞している会議においては，集団全体としての決定がいまだ得られていない．これは，どんな勝利提携を考えたとしても「そこに属している主体すべてが同じ選好を持っている」ということが成り立っていない，ということである．また，停滞している会議においては，主体の間の情報交換が行われていない．これは，会議において，すでに十分に情報交換が行われたという状態であり，交渉整合性が成立している場合として表現される．したがって，会議の停滞は次のように定義することができよう．

定義 6.1 (会議の停滞) 会議 (N, W, A, R, e) が停滞しているとは，

1. 任意の $S \in W$ に対して，ある $i, j \in S$ が存在して，$\max R_i \neq \max R_j$ であり，かつ
2. この会議が交渉整合性を満たしている

ということが成立しているときをいう． □

この定義の条件1が「集団全体としての決定がいまだ得られていない」ということを表し，条件2が「すでに十分な情報交換が行われたため，現在は主体の間の情報交換が行われていない」ということを表現している．

6.1.2 会議の停滞が起こらないための条件

会議が停滞すると,集団活動の停止や意思決定主体の時間的な拘束など,さまざまな形の非効率が導かれる.非効率は集団にとって望ましくないことなので,会議の停滞はなんとかして避けるべきである.では,会議の停滞が起こらないようにするにはどうすればよいだろうか.ここでは,奇数の主体からなり過半数のルールを用いている会議を考えよう.このような会議は,実際にもしばしば存在する.

奇数の主体からなる会議は,次のように数理的に表現できる.

定義 6.2 (奇数の主体からなる会議) 会議 (N, W, A, R, e) が奇数の主体からなるとは,ある正の整数 m が存在して,$|N| = 2m + 1$ が成り立つことをいう. □

過半数のルールは,第 5.1.2 節で見た通りである.すなわち,

定義 6.3 (過半数のルール) シンプルゲーム (N, W) が過半数のルールであるとは,任意の $S \subset N$ に対して,

$$S \in W \Leftrightarrow |S| > |N|/2$$

が成り立っている場合をいう. □

である.会議 (N, W, A, R, e) が採決のルール (N, W) として過半数のルールを持っている場合,この会議は過半数のルールを用いているという.

次の定理は,奇数の主体からなり,過半数のルールを用いている会議が停滞に陥らないための十分条件を与えるものである.

定理 6.1 (会議が停滞しないための十分条件) もし会議 (N, W, A, R, e) が,

1. 過半数のルールを用いていて,
2. 奇数の意思決定主体からなり,かつ,
3. 主体の感情がハイダーの意味で安定している

ということを満たすならば,この会議は停滞していない. □

「主体の感情がハイダーの意味で安定している」ということは，第4章で定義されている．復習しておこう．

定義 6.4 (感情のハイダーの意味での安定性) 意思決定集団 (N, e) を考える．主体の感情 e がハイダーの意味で安定であるとは，任意の $i, j, k \in N$ に対して，

$$e_{ij} \times e_{ik} \times e_{jk} = +$$

が成り立っているときをいう． □

会議 (N, W, A, R, e) は，(N, e) に注目すれば，この定義における「意思決定集団」とみなすことができることに注意しよう．

定理 6.1 の証明の際に，「悲観集合」という概念を導入しておくと便利である．任意の $i \in N$ に対して，主体 i の悲観集合とは，

$$D_i = \{j \in N \mid \max R_j \neq \max R_i \text{ かつ } e_{ji} = -\}$$

で定義される集合 D_i である．これは，主体 i とは異なる選好を持ち，かつ，主体 i に対して否定的な感情を持っているような主体 $j \in N$ 全体の集合であり，つまり，主体 i にとっては，自分と異なる選好を持っているが説得もできない他者という，困った存在である．

会議の停滞と主体の悲観集合の間の関係について次のことが成立する．

補題 6.1 (停滞している会議での悲観集合) 会議 (N, W, A, R, e) が停滞していれば，任意の $i \in N$，任意の $S \in W$ に対して，勝利提携 S は主体 i の悲観的集合 D_i と共通部分を持つ． □

(証明) 会議が停滞していれば，任意の $i \in N$，任意の $S \in W$ に対して，ある主体 $j \in S$ が存在して $\max R_i \neq \max R_j$ であり，かつ任意の $k \in N$ に対して $\max R_i = \max R_k$ または $e_{ki} = -$ である．したがって，会議が停滞しているときには，任意の $i \in N$，任意の $S \in W$ に対して，ある主体 $j \in S$ が存在して，$\max R_i \neq \max R_j$ かつ $e_{ji} = -$ である．つまり，任意の $i \in N$，任意の $S \in W$ に対して勝利提携 S は主体 i の悲観集合 D_i と共通部分を持つ． ■

6.1. 会議の円滑化

この補題を用いて, 定理 6.1 を証明しよう.

(定理 6.1 の証明) 会議 (N, W, A, R, e) が過半数のルールを用いていて, 奇数の主体からなり, 主体の感情がハイダーの意味で安定しているとする. 会議が奇数の主体からなることから, ある正の整数 m が存在して $|N| = 2m+1$ となる. 主体の感情がハイダーの意味で安定しているので, 定理 4.1 より, 意思決定主体の集合 N は 2 つの集合 X_1 と X_2 に分割され,

任意の $i, j \in X_a$ (ただし, $a = 1$ かつ 2) に対して $e_{ij} = +$ であり,
任意の $i \in X_1$, 任意の $j \in X_2$ に対して $e_{ij} = -$ である

という性質を満たす. 会議が奇数の主体からなることから, 一般性を失うことなく $|X_1| > m$ であると仮定してよい, すると, 状況が過半数のルールを用いていることから, $X_1 \in W$ となる. 任意の $i \in X_1$ に対して $D_i \subseteq X_2$ であるから, $D_i \cap X_1 = \emptyset$ である. したがって, 補題 6.1 の対偶を用いて, 会議は停滞していないことが導かれる. ∎

この定理から, 現実にしばしば存在する, 過半数のルールを用いていて奇数の主体からなる会議においては, そこに参加している主体の感情がハイダーの意味で安定していれば, 停滞は発生しないということがわかる. 会議において円滑な意思決定を得るためには, 各主体が安定した感情を得ることが大切であることが示唆される.

次の例は, 会議が停滞しないための十分条件に「感情の安定性」の条件が必要であることを示すものである.

例 6.1 (感情の安定性の必要性) $N = \{1, 2, 3\}$ かつ $A = \{a, b, c\}$ とし, 各主体の選好 R を $R_1 = (a, b, c)$, $R_2 = (b, c, a)$, $R_3 = (c, a, b)$ とする. さらに, 主体の感情 e を, $i \neq j$ であるような任意の $i, j \in N$ に対して $e_{ij} = -$ が成り立っているようなものとする. もし会議 (N, W, A, R, e) が過半数のルールを採用しているとすると, この会議は停滞している. 同時に,

$$e_{12} \times e_{23} \times e_{13} = -$$

なので，この会議において主体の感情はハイダーの意味で安定してはいない．この例から，過半数のルールと奇数の主体という条件のもとで会議が停滞しないための十分条件には，感情が安定していることが必要であることがわかる． □

6.2 議論の繰り返しが起こらないための条件

会議の停滞と同様に，会議の中で同じ議論が繰り返される状況も避けられるべきである．この節では，同じ議論が繰り返されないための条件を探っていく．

6.2.1 主体の選好の間の距離

この節では，相手とまったく同じ選好になってしまうタイプの妥協だけでなく，より一般的に，相手の選好に近づくタイプの妥協も考える．そのためにまず，2つの選好の間の「近さ」を表現するための「距離」の概念を導入しよう．さらに，この距離の概念を用いて，複数の主体の選好の「中心」や「広さ」という概念を用意しておこう．$L(A)$ で，意思決定主体が持つことができる選好全体の集合，すなわち，集合 A 上の線形順序全体の集合を表すものとする．

定義 6.5 ($L(A)$ 上の距離) 任意の選好 $r \in L(A)$ は，$(a_m, a_{m-1}, \ldots, a_1)$ という，A の要素をすべて並べた列で表現できる．この列の，下から n 番目の代替案 a_n と下から $n+1$ 番目の代替案 a_{n+1} を入れ替えることを 2^{n-1} として評価し，任意の $r, r' \in L(A)$ に対して，選好 r と選好 r' の間の距離を，$r = r'$ である場合には 0，$r \neq r'$ である場合には，r と r' を一致させるために必要な代替案の交換の評価の合計の最小値として定義する．これを $d(r, r')$ と書く．d が距離であることは容易に証明できる．さらに，任意の正の整数 k に対して，下から n 番目の代替案 a_n と下から $n+1$ 番目の代替案 a_{n+1} の入れ替えを k^{n-1} と評価すると，同様に d^k という $L(A)$ 上の距離を定義することができる． □

会議 (N, W, A, R, e) と N の部分集合 S を考えて，S に属する主体の選好の「中心」を次のように定義する．

6.2. 議論の繰り返しが起こらないための条件

定義 6.6 (選好の中心) 会議 (N, W, A, R, e) を考える. ただし, $R = (R_i)_{i \in N}$ であり, 選好全体の集合 $L(A)$ には距離 d が定義されているとする. 任意の提携 $S \subset N$ に対して, S における選好の中心とは,

$$\{r \in L(A) \mid \sum_{i \in S} d(r, R_i) \leq \sum_{i \in S} d(r', R_i) \ (\forall r' \in L(A))\}$$

であり, $C(R)_S$ と表される. □

一般に, 複数の主体が同一の選好を持つようになるためには, 各主体が選好を変化させなければならない. 同一の選好を何にするかによって, 主体の選好の変化の距離は変わってくる. そこで, ある選好がその複数の主体の選好の中心であるということを, その選好を同一の選好にするために必要な各主体の選好の変化の距離の総和が最小であることとして定義するわけである.

さらに, S に属する主体の選好の「広さ」を, 各主体 $i \in S$ の選好 R_i から S における選好の中心までの距離の総和として定義する. 選好の広さは, その提携の中での選好の散らばり具合を表すものと考えられる.

定義 6.7 (選好の広さ) 会議 (N, W, A, R, e) を考える. ただし, $R = (R_i)_{i \in N}$ であり, 選好全体の集合 $L(A)$ には距離 d が定義されているとする. 任意の提携 $S \subset N$ に対して, S における選好の広さとは,

$$\min_{R' \in L(A)} \sum_{i \in S} d(R_i, R')$$

であり, $W(R)_S$ で表される. □

選好の間の距離, 中心, そして広さの例を見ておこう.

例 6.2 (距離, 中心, 広さ) 前章で扱った車選びの会議 (N, W, A, R, e) を考えてみよう. この会議が,

$$N = \{\text{父親}, \text{母親}, \text{長男}\}, \quad W = \{S \mid |S| \geq 2\}, \quad A = \{\text{W}, \text{S}, \text{R}\},$$

$$R_{\text{父親}} = (\text{W}, \text{S}, \text{R}), \quad R_{\text{母親}} = (\text{S}, \text{W}, \text{R}), \quad R_{\text{長男}} = (\text{R}, \text{S}, \text{W})$$

を満たすとすると，父親の選好と母親の選好の間の距離，父親の選好と長男の選好，母親の選好と長男の選好の間の距離は，それぞれ，2，4，3である．この場合，3人の選好の中心は $\{(S, W, R)\}$ であり，また，3人の選好の広さは5である． □

6.2.2 妥協と議論の繰り返し

ここでは前節と異なり，主体の妥協として，相手とまったく同じ選好を持つようになるだけでなく相手の選好に近づくというタイプのものを考える．このような妥協に関する概念として，まず「勝利主体」の概念を用意しておく．勝利主体とは，その主体が持っている選好が全体としての決定になりそうなため，妥協しなさそうな主体を指す．

定義 6.8 (勝利主体) 会議 (N, W, A, R, e) において，任意の $i \in N$ に対して，主体 i が選好 R において勝利主体であるとは，ある勝利提携 $S \in W$ が存在して，任意の $j \in S$ に対して $R_j = R_i$ が成り立っているときをいう． □

ここでの妥協は，いずれかの提携における主体の選好の広がりが小さくなることとして定義される．

定義 6.9 (妥協) 任意の $S \subset N$ と，任意の選好 $R = (R_i)_{i \in N}$, $R' = (R'_i)_{i \in N}$ に対して，選好 R' が選好 R に関して提携 S の妥協であるとは，ある選好 r が $C(R)_S$ の中に存在して，任意の $i \in S$ に対して，$d(R'_i, r) \leq d(R_i, r)$ であり，かつ，ある $j \in S$ に対して $d(R'_j, r) < d(R_j, r)$ であるときをいう． □

妥協の例を見ておこう．

例 6.3 (妥協) 車選びの会議 (N, W, A, R, e) においては，

$$R_{父親} = (W, S, R), \quad R_{母親} = (S, W, R), \quad R_{長男} = (R, S, W)$$

であった．今，$R' = (R'_i)_{i \in N}$ が，

$$R'_{父親} = (S, W, R), \quad R'_{母親} = (S, W, R), \quad R'_{長男} = (R, S, W)$$

6.2. 議論の繰り返しが起こらないための条件 103

であるとすると，R' は，R に関する父親と母親の妥協である．なぜなら，選好 $r = (\mathrm{S, W, R}) \in C(R)_{\{父親, 母親\}}$ に対して，$d(R'_{母親}, r) \leq d(R_{母親}, r)$ であり，かつ，$d(R'_{父親}, r) < d(R_{父親}, r)$ である． □

「議論の繰り返し」という，会議において避けるべき状態を数理的に表現するために，まず，「議論」を定義しよう．議論は，主体の選好の列として表現される．$T = \{1, 2, \ldots, \tau\}$ とし，$t \in T$ が離散的な時刻を表すものとしよう．

定義 6.10 (議論) 議論とは，各時刻 $t \in T$ における各主体 $i \in N$ の選好を集めたもの $R^t = (R_i^t)_{i \in N}$ の列 $R^T = (R^t)_{t \in N}$ のうち，任意の $t = 1, 2, \ldots \tau - 1$ に対して $R^{t+1} \neq R^t$ を満たすものである． □

以下，会議 (N, W, A, R, e) における議論 R^T を考える際には，$R^0 = R$ が成り立っているものとする．

議論にもさまざまなものが考えられるが，特に，各主体の選好の変化がすべて妥協によって実現されているような議論を考えることができる．

定義 6.11 (妥協による議論) 妥協による議論 R^T とは，$R_i^{t+1} \neq R_i^t$ であるような任意の $t = 1, 2, \ldots, \tau - 1$ と任意の $i \in N$ に対して，ある $S \subset N$ が存在して，$i \in S$ であり，かつ，R^{t+1} が R^t に関して S の妥協であるときをいう． □

1つの議論のどの時点においても全体としての決定が行われておらず，また，その議論の中の異なる2つの時刻において各主体の選好がまったく同じである場合，その2つの時刻の間の情報交換は無駄だったことになる．このような状態を，ここでは「議論の繰り返し」と呼ぶ．

定義 6.12 (議論の繰り返し) 会議 (N, W, A, R, e) において，議論 R^T が繰り返しであるとは，任意の $t \in T$ と任意の $i \in N$ に対して，主体 i は R^t において勝利主体ではなく，かつ，ある $t, t' \in T$ が存在して $t \neq t'$ であり，かつ $R^t = R^{t'}$ であるときをいう． □

例 6.4 (議論の繰り返し) 車選びの会議を考えよう．最初の時点で，各主体の選好は，

$$R_{父親} = (\mathrm{W, S, R}), \quad R_{母親} = (\mathrm{S, W, R}), \quad R_{長男} = (\mathrm{R, S, W})$$

であったとする．次の時点で各主体の選好が，

$$R'_{父親} = (W, R, S), \quad R'_{母親} = (S, W, R), \quad R'_{長男} = (R, W, S)$$

となったとし，また次の時点で，

$$R''_{父親} = (W, R, S), \quad R''_{母親} = (S, R, W), \quad R''_{長男} = (R, S, W)$$

となり，さらに，次の時点で，

$$R'''_{父親} = (W, S, R), \quad R'''_{母親} = (S, W, R), \quad R'''_{長男} = (R, S, W)$$

となったとすると，この議論は繰り返しである．さらに，選好 R' は選好 R に関して父親と長男の妥協であり，選好 R'' は選好 R' に関して母親と長男の妥協，また選好 $R''' = R$ は選好 R'' に関して父親と母親の妥協である．つまり，この議論は妥協によるものである． □

6.2.3 同じ議論の繰り返しが起こらないための条件

前節での「会議の停滞が起こらないための条件」と同様，この節では「議論の繰り返しが起こらないための条件」を与える．そのためには妥協に関して以下のような仮定が必要である．

仮定 6.1 (妥協に関する仮定) 任意の会議 (N, W, A, R, e)，任意の議論 R^T，任意の $S \subset N$，そして $t = 1, 2, \ldots, \tau - 1$ であるような任意の t に対して，

> 選好 R^{t+1} が選好 R^t に関して提携 S の妥協であることは，次のすべてのことが満たされることと同値であるとする．
>
> 1. 任意の $i \in S$ に対して，主体 i は R^t で勝利主体ではない．
> 2. 任意の $i, j \in S$ に対して，$e_{ij} = +$ である．
> 3. ある $i, j \in S$ に対して $R^t_i \neq R^t_j$ である．

6.2. 議論の繰り返しが起こらないための条件

4. もし S が $T \subset N$ の真の部分集合であるならば, ある $j \in T \setminus S$ に対して j が R^t において勝利主体であるか, または, ある $i, j \in T$ に対して $e_{ij} = -$ である.

□

最初の条件は, 勝利主体は妥協しないことを表している. 2 番目の条件は, 妥協は肯定的な感情を互いに持っている主体の間だけで行われることを, 3 番目の条件は, 妥協する主体は互いに異なる選好を持っていることを示している. 4 番目の条件は, 主体はできるだけ多くの主体から妥協を引き出そうとしているということを表している. これらの条件が満たされるとき, またそのときに限って, 妥協が起こると仮定するわけである.

「議論の繰り返しが起こらないための条件」についての定理を証明するために, まず次のことを示しておこう.

命題 6.1 (広さの減少) 任意の選好 R と R' に対して, もし R' が R に関して S の妥協ならば, $W(R)_S > W(R')_S$ である. □

(証明) R' が R に関して S の妥協だとすると, ある $r \in C(R)_S$ に対して

$$\sum_{i \in S} d(R_i, r) > \sum_{i \in S} d(R'_i, r)$$

である.

$$W(R)_S = \sum_{i \in S} d(R_i, r)$$

であり, かつ

$$W(R')_S = \min_{R''' \in L(A)} \sum_{i \in S} d(R'_i, R''')$$

なので, 不等式

$$\sum_{i \in S} d(R'_i, r) \geq \min_{R''' \in L(A)} \sum_{i \in S} d(R'_i, R''')$$

より, 結果が成り立つ. ∎

さて, 次の定理が, 議論の繰り返しが起こらないための十分条件である.

命題 6.2 (議論の繰り返しが起こらないための十分条件) 妥協に関する仮定 6.1 のもとで，会議 (N, W, A, R, e) と議論 R^T を考える．もし会議 (N, W, A, R, e) が，

1. 過半数のルールを用いていて，
2. 奇数の意思決定主体からなり，
3. 主体の感情がハイダーの意味で安定していて，

さらに，議論 R^T が妥協によるのであれば，議論 R^T は繰り返しではない．□

(証明) ある $t \in T$ と $i \in N$ が存在して，主体 i が R^t において勝利主体であれば，議論 R^T は，定義より，繰り返しではない．したがって，任意の $t \in T$ と任意の $i \in N$ に対して，主体 i は R^t において勝利主体ではないとしてよい．

主体の感情がハイダーの意味で安定していれば，定理 4.1 より，意思決定主体の集合 N は 2 つの集合 X_1 と X_2 に分割され，

任意の $i, j \in X_a$ (ただし，$a = 1$ かつ 2) に対して $e_{ij} = +$ であり，
任意の $i \in X_1$，任意の $j \in X_2$ に対して $e_{ij} = -$ である

という性質を満たす．会議が奇数の主体からなるので $|X_1| > |X_2|$ であるとしてよい．

会議は過半数のルールを用いているので，X_1 は W の要素である．どの時刻においても，勝利主体である主体はいないので，任意の $t = 1, 2, \ldots, \tau - 1$ に対して，ある $i, j \in X_1$ が存在して $R_i^t \neq R_j^t$ である．このことより，R^{t+1} は R^t に関して X_1 の妥協であるということが導かれる．これは，主体 $i \in X_1$ は R^t において勝利主体ではなく，任意の $i, j \in X_1$ において $e_{ij} = +$ であり，任意の $i \in X_1$ と任意の $j \in N \setminus X_1$ に対して $e_{ij} = -$ であるということと，妥協に関する仮定 6.1 による．

すると，任意の $t = 1, 2, \ldots, \tau - 1$ に対して，R^{t+1} は R^t に関して X_1 の妥協であることと，命題 6.1 により，$W(R^1)_{X_1} > W(R^2)_{X_1} > \cdots > W(R^t)_{X_1} > \cdots > W(R^\tau)_{X_1}$ が導かれる．このことは R^T が繰り返しではないことを示している．実際，R^T が繰り返しである場合には，ある $t, t' \in T$ が存在して $R^t = R^{t'}$

となり，結果として，任意の $S \subset N$ に対して $W(R^t|_S) = W(R^{t'}|_S)$ でなくてはならないからである． ∎

6.3 選挙での情報交換と感情

　ここで考えている選挙では，候補者全体の集合の中から何人かを選び出すことが集団としての意思決定となる．前節の会議の状況と異なり，意思決定主体，すなわち投票者たちの選好は，主体が持っている感情によって表現されており，また，代替案である候補者たちも互いに他者に対して感情を持っている．このような状況が，意思決定に関わる情報交換が十分に行われた状態，すなわち，交渉整合性が満たされている状態に到達したとすると，そのときの主体の感情の状態はどのようになっているだろうか．そして，集団としての意思決定，つまり，選挙の結果について何らかの示唆は得られないだろうか．

　以下で考える意思決定状況では，いずれも認定投票のルールが採決のルールとして採用されているものとする．

6.3.1 選択集団での交渉整合性と感情の安定性

　まず，認定投票のルールを用いている選択集団 (N, e) を考えよう．そして，この集団の中では，もうすでに意思決定に関わる情報交換が十分に行われたものとする．この状態は交渉整合性の概念で表現されるのであった．選択集団における交渉整合性の定義は，第 5 章で見たように，

定義 6.13 (選択集団における交渉整合性) 選択集団 (N, e) が交渉整合性を満たすとは，任意の $i, j \in N$ に対して，

$$e_{ji} = - \quad \text{または} \quad [\text{任意の } k \in N \text{ に対して } e_{ik} = e_{jk}]$$

であるときをいう． □

であった.

ここでは,選択集団が交渉整合性を満たしている場合に,主体の感情がどのような状態になっているかに興味がある.第 4.1 節における感情の安定性についての議論を振り返るとすぐにわかることは,選択集団の交渉整合性が,ニューカムの意味での感情の安定性と同値であるということである.

定理 6.2 (選択集団の交渉整合性とニューカムの安定性) 選択集団 (N, e) が交渉整合性を満たすための必要十分条件は,この意思決定集団において主体の感情 e がニューカムの意味で安定していることである. □

(証明) 選択集団における交渉整合性は,

$$(\forall i, j \in N)(e_{ji} = - \text{ または } [(\forall k \in N)(e_{ik} = e_{jk})])$$

で定義されていた.このことは,

$$(\forall i, j, k \in N)(e_{ji} = - \text{ または } e_{ik} = e_{jk})$$

と論理的に同値であり,これはニューカムの意味での感情の安定性の定義にほかならない.したがって,選択集団においては,交渉整合性とニューカムの意味での感情の安定性は同値な概念である. ∎

さらに,定理 4.3 において,ニューカムの意味での感情の安定性が集群化可能性で特徴付けられていたことを考えあわせると,次のことが成り立つことがわかる.

定理 6.3 (選択集団の交渉整合性と集群化可能性) 選択集団 (N, e) が交渉整合性を満たすための必要十分条件は,この意思決定集団が集群化可能であることである. □

(証明) 定理 6.2 で,選択集団の交渉整合性とニューカムの意味での感情の安定性が同値であることが示されている.このことと,定理 4.3 でのニューカムの意味での感情の安定性の集群化可能性による特徴付けをあわせることで,交渉整合性と集群化可能性が同値であることがわかる. ∎

6.3. 選挙での情報交換と感情

定理 6.3 で示された通り，選択集団において交渉整合性が満たされると，その集団は集群化可能になっている．このことは，認定投票を採決のルールとして採用している選択集団の意思決定に関して，以下のような示唆を与える．

集団の中で十分な情報交換が行われ交渉整合性が満たされると，集団は集群化可能となる．つまり，主体全体の集合 N が複数のグループ $N_1, N_2, \ldots, N_m$ に分割され，同一のグループに属する主体は互いに肯定的な感情を，異なるグループに属する主体は互いに否定的な感情を持つことになる．この複数のグループが，属しているメンバーの数に応じて次のように並べられているとする．すなわち，

$$|N_1| > |N_2| > \cdots > |N_m|$$

が満たされている場合を考えるわけである．

この集団は認定投票を採決のルールとして用いている．各投票者は自分が肯定的な感情を与えている候補者に対しては票を与え，否定的な感情を与えている候補者に対しては票を与えない．したがって，$1 \leq l \leq m$ であるような任意の l に対して，グループ N_l に属している任意の主体は $|N_l|$ 票を得ることになる．さらに，w を選び出さなければならない当選者の数とすると，$w \leq |N_1|$ であるか，あるいは，$1 \leq l \leq m-1$ であるような l に対して，

$$|N_1| + |N_2| + \cdots + |N_l| < w \leq |N_1| + |N_2| + \cdots + |N_l| + |N_{l+1}|$$

である．もし $w = |N_1|$ が成立していれば，意思決定は終了である．しかし，$w < |N_1|$ である場合には，この選挙集団は N_1 というグループの中から w 人を選び出すという決選投票を行わなければならない．同様に，

$$w = |N_1| + |N_2| + \cdots + |N_l| + |N_{l+1}|$$

である場合には，集合

$$N_1 \cup N_2 \cup \cdots \cup N_{l+1}$$

に属している主体が当選者となって意思決定は終了である．しかし，

$$w < |N_1| + |N_2| + \cdots + |N_l| + |N_{l+1}|$$

である場合には, $1 \leq j \leq l$ であるようなグループ N_j に属する主体はすべて当選者となり, さらに, N_{l+1} というグループの中から

$$w - (|N_1| + |N_2| + \cdots + |N_l|) 人$$

を選び出すという決選投票を行わなければならない.

つまり, 定理 6.3 によって, 選択集団が交渉整合性を満たすと, 各主体が獲得できる票の数や決選投票が必要であるか否かなどが予想できるようになるということがわかるのである. 決選投票が必要な場合については第 6.3.3 節でさらに詳しく調べよう.

6.3.2 選挙集団での交渉整合性と感情の安定性

選択集団においては, 交渉整合性が満たされることと, 集群化可能性が成立することとが同値であった. では, 選挙集団における交渉整合性はどのように特徴付けられるだろうか. 実は, 集群化可能性の一般化であり, 次のように定義される「擬－集群化可能性」という概念で特徴付けられる.

定義 6.14 (擬－集群化可能性) 意思決定集団 (N, e) と N の部分集合 M に対して, (N, e) が M に関して擬－集群化可能であるとは, M の分割

$$\{M_1, M_2, \ldots, M_m\}$$

と $N \setminus M$ の分割

$$\{L_1, L_2, \ldots, L_m\}$$

が存在して,

(1) 任意の l $(1 \leq l \leq m)$, $i \in M_l, j \in M_l$ に対して, $e_{ji} = +$ であり, かつ,

(2) 任意の l $(1 \leq l \leq m)$, $i \in M_l, j \in L_l$ に対して, $e_{ji} = +$ であり, かつ,

(3) 任意の l, l' $(1 \leq l, l' \leq m, l \neq l')$, $i \in M_l, j \in M_{l'}$ に対して, $e_{ij} = -$ であり, かつ,

(4) 任意の l, l' ($1 \leq l, l' \leq m, l \neq l'$), $i \in M_l, j \in L_{l'}$ に対して, $e_{ij} = -$ であり, かつ,

(5) 任意の l, l' ($1 \leq l, l' \leq m, l \neq l'$), $i \in L_l, j \in M_{l'}$ に対して, $e_{ij} = -$ であり, かつ,

(6) 任意の l, l' ($1 \leq l, l' \leq m, l \neq l'$), $i \in L_l, j \in L_{l'}$ に対して, $e_{ij} = -$ である

ということを満たす場合をいう. □

この定義において, 条件 (1) と条件 (3) は, (N, e) という符号付きグラフを N の部分集合 M に制限すると, M が集群化可能であることを表す. 条件 (2), (4), (5), (6) は, 集合 $N \setminus M$ が, 集合 M の分割に対応するように自然に分割できることを表現している. 条件 (2) は, M の中のグループと $N \setminus M$ の中のグループの間の対応が, 後者に属するすべての主体が前者に属するすべての主体に対して肯定的な感情を与えているという意味で与えられるということを表している. さらに条件 (4) と条件 (5) は, この対応が, 前者に属するすべての主体と後者以外の M の中のグループに属するすべての主体が互いに他者に対して否定的な感情を与えているという意味で一対一の対応になっていることを意味する. さらに条件 (6) が, 集合 $N \setminus M$ の中の異なる 2 つのグループに属する主体は互いに他者に対して否定的な感情を与えているということを示しているので, 集合 $N \setminus M$ の中の各グループは互いに他者から自然に区別される. これらのことは, 図 6.1 に描かれている.

M に関して擬-集群化可能な集団において, 集合 M の中の各グループは集団の中に形成された提携として捉えることができよう. さらに, 集合 $N \setminus M$ の中の各グループは, 対応する M の中のグループの支持者として捉えることができる.

擬-集群化可能性を用いた, 選挙集団の交渉整合性の特徴付けに関する定理が以下である.

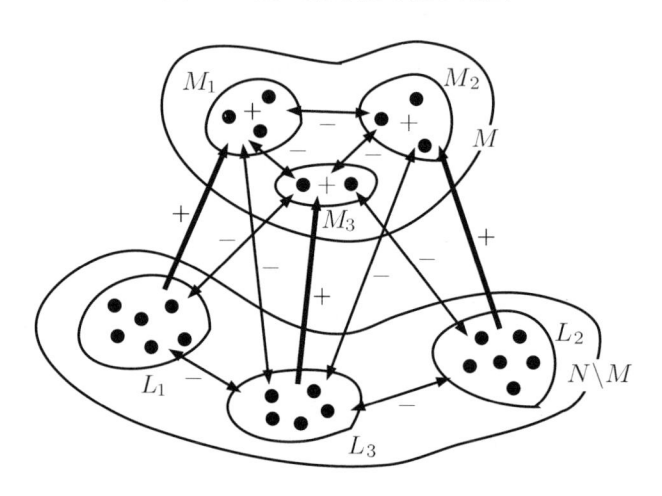

図 6.1: 擬一集群化可能な集団

定理 6.4 (選挙集団の交渉整合性と擬一集群化可能性) 選択集団 (N, e, C) が交渉整合性を満たすための必要十分条件は，この意思決定集団が C に関して擬一集群化可能であることである． □

(証明) まず，選挙集団 (N, e, C) が交渉整合性を満たすとする．すると，(N, e) の C への制限，すなわち，$e_C = (e_{ij})_{i,j \in C}$ とすることによって得られる符号付きグラフ (C, e_C) は，選択集団として交渉整合性を満たす．定理 6.3 より，(C, e_C) は集群化可能である．つまり，C の分割 $\{C_1, C_2, \ldots, C_m\}$ で，

(1) 任意の l $(1 \leq l \leq m)$，任意の $i, j \in C_l$ に対して $e_{ij} = +$ であり，かつ，

(2) 任意の l, l' $(1 \leq l, l' \leq m, l \neq l')$，任意の $i \in C_l$，任意の $j \in C_{l'}$ に対して $e_{ij} = -$ である

ということを満たすものが存在する．

今，$1 \leq l \leq m$ であるような任意の l に対して，L_l を，

$$L_l = \{j \in N \backslash C \mid \exists i \in C_l, e_{ji} = +\}$$

6.3. 選挙での情報交換と感情

と定義する．このとき，上の (1) と (2)，および，以下の (3), (4), (5), (6) が，(N, e, C) が擬－集群化可能であることを示している．

- (3) 任意の l，任意の $i \in C_l$，任意の $j' \in L_l$ に対して，$e_{j'i} = +$ である（図 6.2 (a) を参照）．

  $j' \in L_l$ なので，L_l の定義から，ある $i' \in C_l$ が存在して，$e_{j'i'} = +$ である．選挙集団 (N, e, C) の交渉整合性から，任意の $k \in C$ に対して，$e_{j'i'} = -$ か $e_{i'k} = e_{j'k}$ のいずれかが成り立つ．したがって，任意の $k \in C$ に対して $e_{i'k} = e_{j'k}$ である．$i' \in C_l$ であるから，上の (1) より，任意の $i \in C_l$ に対して $e_{i'i} = +$ である．よって，任意の $i \in C_l \subset C$ に対しても $e_{j'i} = e_{i'i} = +$ である．

- (4) 任意の $l, l' (l \neq l')$，任意の $i \in C_l$，任意の $j' \in L_{l'}$ に対して，$e_{ij'} = -$ である（図 6.2 (b) を参照）．

  $e_{ij'} = +$ であると仮定する．交渉整合性より，任意の $k \in C$ に対して，$e_{ij'} = i$ か $e_{j'k} = e_{ik}$ のいずれかが成り立たなければならないので，任意の $k \in C$ に対して $e_{j'k} = e_{ik}$ である．しかし，$k \in C_{l'}$ であるような k を考えると，$l \neq l'$ かつ，$i \in C_l$ かつ，$k \in C_{l'}$ であることから，(2) より，$e_{ik} = -$ となり，一方，$k \in C_{l'}$ かつ $j' \in L_{l'}$ であることから，(3) より，$e_{j'k} = +$ となる．これは矛盾である．したがって，$e_{ij'} = -$ でなければならない．

- (5) 任意の $l, l' (l \neq l')$，任意の $i' \in L_l$，任意の $j \in C_{l'}$ に対して，$e_{i'j} = -$ である（図 6.2 (c) を参照）．

  $e_{i'j} = +$ であると仮定する．このとき，交渉整合性より，任意の $k \in C$ に対して $e_{jk} = e_{i'k}$ でなければならない．しかし，$k \in C_l$ であるような k をとると，$k \in C_l$ かつ $i' \in L_l$ なので，(3) より，$e_{i'k} = +$ となり，また同時に，$l \neq l'$ かつ，$j \in C_{l'}$ かつ，$k \in C_l$ であるから，(2) より，$e_{jk} = -$ となる．これは矛盾である．したがって，$e_{i'j} = -$ である．

- (6) 任意の $l, l' (l \neq l')$，任意の $i' \in L_l$，任意の $j' \in L_{l'}$ に対して，$e_{i'j'} = -$ である（図 6.2 (d) を参照）．

図 6.2: 定理 6.4 の証明 1

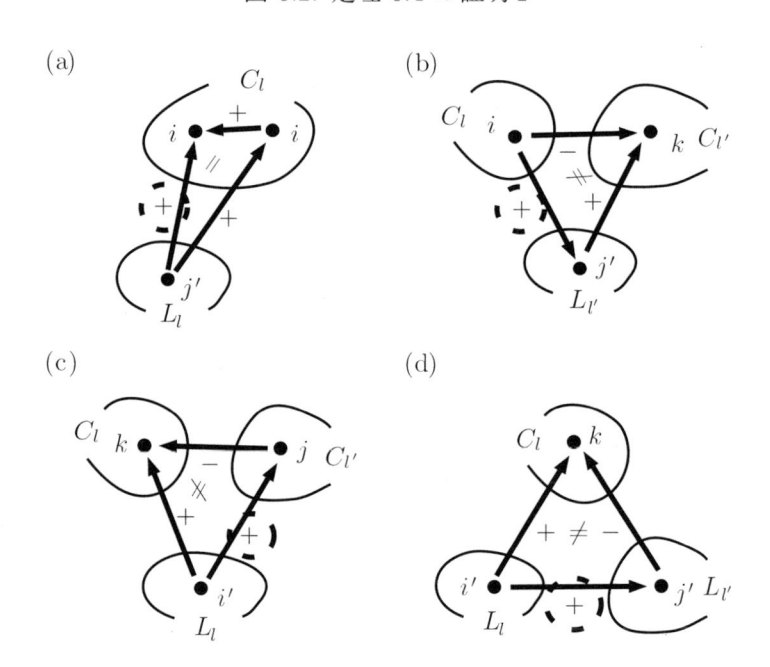

$e_{i'j'} = +$ であるとする. 交渉整合性より, 任意の $k \in C$ に対して $e_{j'k} = e_{i'k}$ でなければならない. しかし, $k \in C_l$ であるような k をとると, $k \in C_l$ かつ $i' \in L_l$ なので (3) より, $e_{i'k} = +$ となり, また, $l \neq l'$ かつ, $j' \in L_{l'}$ かつ, $k \in C_l$ なので, (5) より, $e_{j'k} = -$ である. これは矛盾である. よって, $e_{i'j} = -$ である.

これで, 交渉整合性から擬-集群化可能性が導かれることが示された.

次に, 擬-集群化可能性から交渉整合性が導かれることを示そう. (N, e) が C に関して擬-集群化可能であるとする. すると, C の分割 $\{C_1, C_2, \ldots, C_m\}$ と $N \backslash C$ の分割 $\{L_1, L_2, \ldots, L_m\}$ で, 定義 6.14 の 6 つの条件を満たすものを見つけることができる.

6.3. 選挙での情報交換と感情

(N, e, C) が交渉整合性を満たすことを確認するためには, 任意の $i, j \in N$ と任意の $k \in C$ に対して,

$$e_{ji} = - \quad \text{または} \quad e_{ik} = e_{jk}$$

であることを示せばよい. i と j の選び方に関して 7 通りの場合分けをして, いずれの場合も交渉整合性が導かれることを示す.

- (1) ある l が存在して, $i, j \in C_l$ の場合 (図 6.3 (a) を参照).

  任意の $k \in C$ に対して, $k \in C_l$ か, あるいは $k \in C_{l'}$ が成り立つ (ただし $l' \neq l$). 前者の場合, $i \in C_l$ と $j \in C_l$ であること, さらに, 定義 6.14 の条件 (1) により, $e_{ik} = +$ かつ $e_{jk} = +$ である. 後者の場合は, $i \in C_l$ と $j \in C_l$, そして, 定義 6.14 の条件 (3) より, $e_{ik} = -$ かつ $e_{jk} = -$ である. したがって, 任意の $k \in C$ に対して $e_{ik} = e_{jk}$ が成り立つ.

- (2) ある l が存在して, $i \in C_l$ かつ $j \in L_l$ の場合 (図 6.3 (b) を参照).

  任意の $k \in C$ に対して, $k \in C_l$ か, あるいは $k \in C_{l'}$ が成り立つ (ただし $l' \neq l$). 前者の場合, $i \in C_l$ ということと定義 6.14 の条件 (1) より $e_{ik} = +$ が, 後者の場合, $j \in L_l$ ということと定義 6.14 の条件 (2) より $e_{jk} = +$ が, それぞれ成り立つ. 後者の場合, $i \in C_l$ ということと定義 6.14 の条件 (3) より $e_{ik} = -$ が, $j \in L_l$ ということと定義 6.14 の条件 (5) より $e_{jk} = -$ が成り立つ. したがって, 任意の $k \in C$ に対して $e_{ik} = e_{jk}$ が成り立つ.

- (3) ある l が存在して, $i \in L_l$ かつ $j \in C_l$ の場合 (図 6.3 (c) を参照).

  (2) の場合の証明における i と j の立場を入れ替えればよい.

- (4) ある l, l' が存在して, $l \neq l'$ かつ $i \in C_l$ かつ $j \in C_{l'}$ である場合 (図 6.3 (d) を参照).

  $l \neq l'$ かつ $i \in C_l$ かつ $j \in C_{l'}$ なので, 定義 6.14 の条件 (3) から直接 $e_{ji} = -$ を得る.

- (5) ある l, l' が存在して, $l \neq l'$ かつ $i \in C_l$ かつ $j \in L_{l'}$ である場合 (図 6.3 (e) を参照).

  $l \neq l'$ かつ $i \in C_l$ かつ $j \in L_{l'}$ なので, 定義 6.14 の条件 (5) より, 直接 $e_{ji} = -$ を得る.

- (6) ある l, l' が存在して, $l \neq l'$ かつ $i \in L_l$ かつ $j \in C_{l'}$ である場合 (図 6.3 (f) を参照).

  $l \neq l'$ かつ $i \in L_l$ かつ $j \in C_{l'}$ なので, 定義 6.14 の条件 (4) より, $e_{ji} = -$ を直接得る.

- (7) ある l, l' が存在して, $l \neq l'$ かつ $i \in L_l$ かつ $j \in L_{l'}$) である場合 (図 6.3 (g) を参照).

  $l \neq l'$ かつ $i \in L_l$ かつ $j \in L_{l'}$ なので, 定義 6.14 の条件 (6) より, $e_{ji} = -$ を直接得る.

図 6.3: 定理 6.4 の証明 2

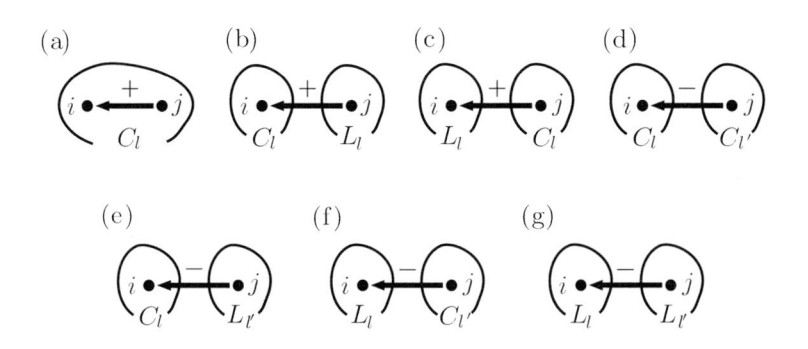

これで, 擬-集群化可能性から交渉整合性が導かれることが示され, 定理の証明が完了した. ∎

6.3. 選挙での情報交換と感情

認定投票のルールを採決のルールとして用いている選挙集団における, この定理の意味を考えてみよう. この定理より, 選挙集団において十分に情報交換が行われ交渉整合性が達成されると, それは擬-集群化可能になる. このとき, 候補者の集団 C を $C_1, C_2, \ldots, C_m$ といういくつかのグループに分割することができる. 同時に, 候補者以外の主体の集合 $N\backslash C$ を候補者の集団の中のグループと同じ数のグループ $L_1, L_2, \ldots, L_m$ に分割することができ, グループ L_l (ただし $1 \leq l \leq m$) に属している主体は, 候補者の集団 C_l に属しているすべての主体に対して肯定的な感情を持っているという条件を満たすことができる.

認定投票に従って投票が行われると, $1 \leq l \leq m$ であるような任意の l に対して, グループ C_l に属している候補者は $|C_l \cup L_l|$ 票を得ることになる. 候補者のグループに対する添え字が,

$$|C_1 \cup L_1| > |C_2 \cup L_2| > \cdots > |C_m \cup L_m|$$

を満たすように付け替えることができる場合を考える.

もしこの選挙集団が w 人の当選者を選び出さなければならないとすると, $w \leq |C_1|$ であるか, $1 \leq l \leq m-1$ であるようなある l に対して,

$$|C_1| + |C_2| + \cdots + |C_l| < w \leq |C_1| + |C_2| + \cdots + |C_l| + |C_{l+1}|$$

が成り立つ. 第 6.3.1 節での選択集団の場合の議論と同じように, $w = |C_1|$ のときと

$$w = |C_1| + |C_2| + \cdots + |C_l| + |C_{l+1}|$$

のときには選挙は終了し, $w < |C_1|$ であるか,

$$w < |C_1| + |C_2| + \cdots + |C_l| + |C_{l+1}|$$

である場合には決選投票の必要性が生じることがわかる.

定理 6.4 により, 選挙集団が交渉整合性を満たすと, 各候補者が獲得できる票の数や決選投票が必要であるか否かなどが予想できるようになる.

6.3.3 逐次認定投票ルールの収束

選択集団の場合も選挙集団の場合も，決選投票の必要性が生じる場合があった．ここでは，決戦投票においても認定投票を採用した場合を考察していこう．

まず，定理 6.4 は，選択集団や選挙集団が決選投票を行う場合にも適用できることに注意しよう．例えば，1 回目では投票の決着がつかず，あるグループの中に同数の票を獲得した主体が現れたとしよう．第 6.3.1 節と第 6.3.2 節の記号をそのまま使えば，同数の票を獲得する主体は，選択集団においてはグループ N_1 か N_{l+1}，選挙集団においてはグループ C_1 か C_{l+1} である．前者の場合，集団は，グループ N_1 あるいは N_{l+1} の中から，$w - |N_1|$ 人あるいは

$$w - (|N_1| + |N_2| + \cdots + |N_l|) \text{ 人}$$

の追加の当選者を選ばなければならない．後者の場合，グループ C_1 あるいは C_{l+1} の中から，$w - |C_1|$ 人あるいは

$$w - (|C_1| + |C_2| + \cdots + |C_l|) \text{ 人}$$

の追加の当選者を選び出す必要がある．したがってどちらの場合も，集団は「選挙集団」になっているのである．すなわち，決選投票においては，選択集団 (N, e) は選挙集団 (N, e, N_1) あるいは (N, e, N_{l+1}) となり，選挙集団 (N, e, C) は，選挙集団 (N, e, C_1) あるいは (N, e, C_{l+1}) になるのである．もし各主体の感情が，選挙集団の定義 5.6 の条件 (∗) を満たすように変化すれば，決選投票を繰り返す場合でもまったく同じ議論を適用することができる．

最終的に必要な当選者を得るまで認定投票を繰り返していく採決のルールを「逐次認定投票」と呼ぶことにすれば，定理 6.4 は，逐次認定投票が収束するための条件を与えているといえる．すなわち，

> もし投票の各場面で交渉整合性が満たされ，その結果，主体全体の集合が互いに大きさの異なるグループに分割されるのであれば，逐次認定投票は収束し，有限回の決選投票の繰り返しで必ず必要な数だけの当選者を決定することができる

ということを示している．認定投票を用いた円滑な意思決定のためには，交渉整合性が満たされること，すなわち集団内で十分な情報交換が行われることが重要なのである．

第 III 部

相互認識と競争の戦略

第 III 部「相互認識と競争の戦略」で扱うのは，相互認識によって導かれる非合理戦略と競争の意思決定の間の関係についての理論である．姉妹書「柔軟性と合理性 — 競争と社会の非合理戦略 I」の第 5 章で紹介したハイパーゲーム理論の不完全な部分を補うための考え方が導入されて，主体が持っている，意思決定状況や他者についての認識が競争の意思決定に及ぼす影響が捉えられることになる．特に，主体が持っている認識は主体の間の情報交換を通じて変化していくと考えて，主体の認識，情報交換，そして意思決定状況の結果の間の関係を調べるための枠組を構築していく．

まず第 7 章「ハイパーゲーム」で，意思決定主体の認識の側面を明示的に扱うことができるハイパーゲーム理論の枠組が紹介される．姉妹書「柔軟性と合理性 — 競争と社会の非合理戦略 I」の第 5 章の内容を復習し，また，そこでは扱わなかった，ハイパーゲーム理論における意思決定状況の分析方法も解説する．さらに，ハイパーゲーム理論の問題点を指摘し，改善された枠組の必要性を示す．この章の内容については，Bennett [1], Bennett and Rando [2], Fraser Wang and Hipel [14], Wang, Hipel and Fraser [66] などの文献を参照するとよい．

第 8 章「相互認識」では，ハイパーゲーム理論での「誤認識」にかわる，「相互認識」という概念が導入される．また，相互認識の概念を具体化する数理的な概念として「認識体系」という考え方が導入され，その数理的な枠組が構築される．相互認識，および認識体系の概念を用いることで，ハイパーゲーム理論の不完全な部分が改善され，主体が持っている意思決定状況や他者についての認識がより適切に表現されることになる．この章では，認識体系についての基本的な性質として，認識体系の分解や，共有知識，さらには，認識体系の合成や共通部分といった考え方が紹介される．この章の内容についての参考文献としては，Inohara [37] がある．

最後の第 9 章「相互認識と競争」では，主体の間の情報交換を分析するための数理的な枠組を構築し，相互認識を伴う意思決定状況に導入する．まず，情報交換によって導かれる主体の認識体系の変化を捉えるための概念を整備し，さらにさまざまなタイプの情報交換を統一的に扱うことを可能にする考え方を導入する．そして，構築された枠組を用いて，望ましい情報交換のタイプとはどのようなものか，主体による戦略的な情報の操作を防ぐにはどうすればよいかな

どの問題が分析され，さらに，相互認識を伴う意思決定状況で定義できる「相互認識的均衡」という新しい解の概念が紹介される．分析によって，相互認識的均衡とナッシュ均衡とのいくつかの関係が明らかになる．参考文献 Inohara, Takahashi and Nakano [34, 35], Inohara [37, 43, 46] などの記述がこの章の内容の理解の助けになるだろう．

第7章 ハイパーゲーム

　ハイパーゲームについては,姉妹書「柔軟性と合理性 — 競争と社会の非合理戦略 I」の第5章で概説した.ハイパーゲームは,主体の誤認識を伴った意思決定状況を分析するための数理的な枠組であった.「主体は状況について正しく認識している」とは仮定せず,主体ごとに状況を異なって認識している可能性がある状況を扱うのである.さらに主体は,このように主体が誤認識する可能性を認識していて,他の主体がどのように状況を捉えているかについての認識や,さらに自分が持っている状況についての認識が他の主体にどのように認識されているかについての認識をも持っていると考えて,意思決定状況を記述するのである.

　この章ではまず,ハイパーゲームの枠組について概説した姉妹書「柔軟性と合理性 — 競争と社会の非合理戦略 I」の第5章の内容を復習する.また,そこでは扱わなかった,ハイパーゲーム理論による意思決定状況の分析方法を紹介する.そして最後に,分析の過程で明らかになるハイパーゲーム理論の枠組の欠点を取り上げ,その欠点を補った形の新たな枠組の必要性を確認することにする.

7.1 ハイパーゲームの定義

　ハイパーゲームは,意思決定状況に巻き込まれている主体それぞれが持っている,状況についての認識を明示することで定義される.例を見ながら,ハイパーゲームの定義を復習しよう.

7.1.1 単純ハイパーゲームの例

単純ハイパーゲームは，意思決定状況に巻き込まれている各主体が主観的に認識している意思決定状況それぞれを，標準形のゲームを用いてすべて記述したものである．ここでは，3つの企業が巻き込まれている，設備投資に関する意思決定を例にとって単純ハイパーゲームの定義を確認しよう．

例 7.1 (単純ハイパーゲーム) 商品開発に対する投資によって得られる利益を見積もっている3つの企業, A, B, C を考える．企業 A は2つの商品の開発を考えていて，1つは企業 B の商品と，もう1つは企業 C の商品と競合する商品である．

設備の投資に関して，企業 A は2つの戦略，企業 B は3つの戦略を持っていて，起こり得る結果における各企業の利益は表 7.1 のようになっているとする．

表 7.1: 企業 A と企業 B の競争

主体		企業 B		
	戦略	投資案1	投資案2	投資しない
企業 A	投資する	15, 15	20, 10	35, 0
	投資しない	0, 35	10, 20	10, 10

この意思決定状況は，標準形のゲーム (N, S, R) を用いて，

$$N = \{ 企業\ A, 企業\ B \}$$

$$S_A = \{ 投資する, 投資しない \}, \quad S_B = \{ 投資案1, 投資案2, 投資しない \}$$

$$\begin{aligned} R_A = &((投資する, 投資しない), (投資する, 投資案2), \\ &(投資する, 投資案1), (投資しない, 投資案2) = \\ &(投資しない, 投資しない), (投資しない, 投資案1)) \end{aligned}$$

7.1. ハイパーゲームの定義

$R_B = ((投資しない, 投資案1), (投資しない, 投資案2),$
$\qquad (投資する, 投資案1), (投資する, 投資案2)) =$
$\qquad (投資しない, 投資しない), (投資する, 投資しない))$

と表すことができる.

ここでもし, 企業 A が企業 B の戦略の1つである「投資案2」を認識していない場合には, 企業 A の意思決定状況の認識は表 7.2 のようになる.

表 7.2: 企業 A の状況の認識1

主体		企業 B	
	戦略	投資する	投資しない
企業 A	投資する	15, 15	35, 0
	投資しない	0, 35	10, 10

つまり企業 A は,

$$N = \{企業 A, 企業 B\}$$

$S_A = \{投資する, 投資しない\}, \quad S_B = \{投資する, 投資しない\}$

$R_A = ((投資する, 投資しない), (投資する, 投資する),$
$\qquad (投資しない, 投資しない), (投資しない, 投資する))$

$R_B = ((投資しない, 投資する), (投資する, 投資する),$
$\qquad (投資しない, 投資しない), (投資する, 投資しない))$

という状況を認識していることになる.

さらに, もし企業 A が企業 C との競合も考えに入れて状況を認識しているという場合には, 企業 A の状況の認識は表 7.3 と表 7.4 で表されるものになる.

ただし, 企業 A の戦略は, 例えば, (する, しない) であれば,

企業 A は, 企業 B と競合する商品への投資はするが, 企業 C と競合する商品への投資はしない

表 7.3: 企業 A の状況の認識 2（企業 C が投資する場合）

		企業 C：投資する	
		企業 B	
	投資	する	しない
企業 A	(する, しない)	15, 15, 0	35, 0, 0
	(しない, する)	20, 35, 5	30, 10, 5
	(しない, しない)	0, 35, 0	10, 10, 0

表 7.4: 企業 A の状況の認識 2（企業 C が投資しない場合）

		企業 C：投資しない	
		企業 B	
	投資	する	しない
企業 A	(する, しない)	20, 15, 5	40, 0, 5
	(しない, する)	25, 35, 0	35, 10, 0
	(しない, しない)	5, 35, 5	15, 10, 5

ことを表す．ここでは，企業 A は，両方の商品への投資はできないと仮定されている．

もし企業 A と企業 C が表 7.3 と表 7.4 で表される状況を，企業 B が表 7.1 の状況を信じていたとすると，A, B, C という添え字を用いることで，各主体が認識している状況を次のように表現できる．

- 企業 A が認識している状況：

$$N^A = \{A, B, C\};$$

$S_A^A = \{(投資する, 投資しない), (投資しない, 投資する),$

7.1. ハイパーゲームの定義

(投資しない, 投資しない)},

$S_B^A = \{$ 投資する, 投資しない $\}$,　　$S_C^A = \{$ 投資する, 投資しない $\}$;

R_A^A,　R_B^A,　R_C^A は表 7.3 と表 7.4 の通り.

- 企業 B が認識している状況：

$$N^B = \{A, B\};$$

$$S_A^B = \{\text{投資する, 投資しない}\},$$
$$S_B^B = \{\text{投資案 1, 投資案 2, 投資しない}\};$$

R_A^A,　R_B^A は表 7.1 の通り.

- 企業 C が認識している状況：

$$N^C = \{A, B, C\};$$

$S_A^C = \{$(投資する, 投資しない), (投資しない, 投資する),
(投資しない, 投資しない)$\}$,

$S_B^C = \{$ 投資する, 投資しない $\}$,　　$S_C^C = \{$ 投資する, 投資しない $\}$;

R_A^C,　R_B^C,　R_C^C は表 7.3 と表 7.4 の通り.

この状況を表現する単純ハイパーゲームは, 上の各要素を用いると,

$$(N = \{A, B, C\}, (N^A, N^B, N^C), (S^A, S^B, S^C), (R^A, R^B, R^C))$$

となる. ただし,

$$S^A = S_A^A \times S_B^A \times S_C^A, \quad S^B = S_A^B \times S_B^B, \quad S^C = S_A^C \times S_B^C \times S_C^C$$

であり

$$R^A = (R_A^A, R_B^A, R_C^A), \quad R^B = (R_A^B, R_B^B), \quad R^C = (R_A^C, R_B^C, R_C^C)$$

である. □

一般に，単純ハイパーゲームは，意思決定状況に巻き込まれている主体全体の集合と，各主体が認識している状況，つまり，各主体が認識している，

- 状況に巻き込まれている主体の集合
- 各主体が持っている戦略の集合
- 各主体の起こりうる結果に対する選好

を列挙したものである．つまり，単純ハイパーゲームは，状況に巻き込まれている意思決定主体全体の集合 $N = \{1, 2, \ldots, n\}$ と，

- 各主体 $i \in N$ が持っている，N についての認識：N^i
- 各主体 $i \in N$ が持っている，各主体 $j \in N$ の戦略の集合についての認識：S^i_j
- 各主体 $i \in N$ が持っている，各主体 $j \in N$ の選好についての認識：R^i_j

という要素を特定することで得られる．

定義 7.1 (単純ハイパーゲーム) 単純ハイパーゲームとは，意思決定主体全体の集合 N と，任意の $i \in N$ に対して，主体 i が認識している意思決定状況 G^i を並べたもの $(G^i)_{i \in N}$ を組にしたもの $(N, (G^i)_{i \in N})$ である．ただし，任意の $i \in N$ に対して，$G^i = (N^i, S^i, R^i)$ は標準形ゲームであり，$S^i = \prod_{j \in N^i} S^i_j$ かつ，$R^i = (R^i_j)_{j \in N^i}$ である． □

7.1.2 主体の列と認識の階層

単純ハイパーゲームは，状況についての主体それぞれの認識を明示することで定義されていた．しかし，「主体は状況の認識を誤る可能性がある」ということを知っている主体を想定すると，主体は自らの認識だけでなく，他の主体がどのように状況を認識しているかについての認識や，さらには自分の認識が他の主体からどのように認識されているかについての認識も考えに入れて意思決

定するに違いない．このような，主体の認識の階層を上手に扱い，一般ハイパーゲームを定義するためには，「主体の列」という考え方を導入する必要がある．

主体の列は，主体の集合 N の要素のうちいくつかを，重複を許して，ただし隣り合う 2 つが異なるように並べたものである．つまり，$i_1, i_2, \cdots, i_p$ が N の要素であるとき，$1 \leq r \leq p-1$ であるような任意の r に対して，$i_r \neq i_{r+1}$ が成り立っているときに $i_1 i_2 \cdots i_p$ は主体の列であるという．可能な主体の列全体の集合は Σ^* で表され，任意の $i \in N$ に対して，列の最も右に位置する主体が i であるような主体の列全体の集合は Σ_i^* で表される．つまり，

$$\Sigma^* = \{\sigma = i_1 i_2 \cdots i_p \ (p = 1, 2, 3, \ldots) \mid i_1, i_2, \ldots, i_p \in N,$$
$$i_r \neq i_{r+1} \ (1 \leq r \leq p-1) \}$$

であり，任意の $i \in N$ に対して，

$$\Sigma_i^* = \{\sigma = i_1 i_2 \cdots i_p \ (p = 1, 2, 3, \ldots) \mid i_1, i_2, \ldots, i_p \in N,$$
$$i_p = i, i_r \neq i_{r+1} \ (1 \leq r \leq p-1) \}$$

である．

7.1.3 一般ハイパーゲームの定義

主体の列を用いると，主体の認識の階層を上手に表現できる．一般ハイパーゲームはこれを利用して定義される．

主体全体の集合 N と，主体の列全体の集合 Σ^* を考える．意思決定状況を一般ハイパーゲームで表現するためには，Σ^* の各要素 σ に対して，$N^\sigma, S^\sigma, R^\sigma$ の組，すなわち，$(N^\sigma, S^\sigma, R^\sigma)$ を特定すればよい．$\sigma = i_1 i_2 \cdots i_p$ のときには，$G^\sigma = (N^\sigma, S^\sigma, R^\sigma)$ は，

主体 i_1 が認識している状況についての，主体 i_2 による認識についての，主体 i_3 による認識についての，$\cdots$，主体 i_p による認識

を表す．一般ハイパーゲームは，N と，各 $\sigma \in \Sigma^*$ に対する G^σ を組にしたもの，すなわち，$(N, (G^\sigma)_{\sigma \in \Sigma^*})$ である．もちろん，任意の $\sigma \in \Sigma^*$ に対して $G^\sigma = (N^\sigma, S^\sigma, R^\sigma)$ であり，$S^\sigma = \prod_{i \in N^\sigma} S_i^\sigma$ かつ，$R^\sigma = (R_i^\sigma)_{i \in N^\sigma}$ である．

7.2 ハイパーゲームの分析

姉妹書「柔軟性と合理性 — 競争と社会の非合理戦略 I」の第 5 章でのハイパーゲームの概説では，ハイパーゲームを分析する方法については紹介しなかった．ここでは，一般ハイパーゲームを分析するための均衡概念を 1 つ紹介する．この均衡概念は，ナッシュ均衡の考え方をハイパーゲームに適用できるように修正したものである考えることができる．しかし，これを使ってハイパーゲームを分析しても，主体が持っている状況についての認識の階層ごとに均衡が定められてしまう．1 つのハイパーゲーム全体で何が起こりそうかという問いに対する答えを与えるためには改良の必要があろう．この話題については，第 7.3 節，および第 9.4 節で扱われる．

7.2.1 「均衡」とは？

そもそも「均衡」とは何だろうか．これは通常，「意思決定主体が自分の戦略を変更しそうにない結果」を指すもので，「ある起こり得る結果が均衡である」というように使われる言葉である．「ある起こり得る結果が均衡である」といった場合，「その結果が達成されそうだということが主体に知らされたときには，各主体が自分の戦略を変更しそうになく，実際にその結果が達成されそうである」ということが示唆される．

さらに詳しく言えば，

> 各主体が選択する戦略を決めたとし，それがすべての主体に知らされたとする．すると，ある起こり得る結果が，各主体が選ぼうとしている戦略の組として特定される．このとき，他の主体が戦略を変えず，自分だけが戦略を変更することで得をできる主体がいるかもしれない．逆に，どの主体も自分ひとりで戦略を変更しても得をしないかもしれない．ある結果が均衡であるとは，この後者の場合，つまり，その結果においては，どの主体も自分ひとりで戦略を変更しても得をしない，ということが成り立っている場合をいう

7.2. ハイパーゲームの分析

ということになる.

　得ということにはさまざまな捉え方があり, その捉え方が変わると均衡の定義が変わってくる. ナッシュ均衡は, 通常の, 誤認識を伴わない意思決定状況に適用できる, 代表的な「均衡」の 1 つである. ここでは, 第 1 章で紹介した「男女の争い」の状況を例にとってナッシュ均衡の定義を復習しよう. 表 7.5 で表現されるこの状況は, 次の話で理解しやすくなる.

> あるカップルが次のデートの相談をしている. 男女とも, 1 人でいるよりは 2 人でいたいと思っているが, 男はバレエよりボクシングを, 女はボクシングよりバレエを見に行きたいと思っている.

表 7.5: 男女の争いの状況

主体		女	
	戦略	バレエ	ボクシング
男	バレエ	3, 4	1, 1
	ボクシング	2, 2	4, 3

　ある結果がナッシュ均衡であるとは, その結果において, どの主体も自分ひとりで戦略を変更しても得をしないということが成り立っている場合をいう. したがって, この男女の争いの状況におけるナッシュ均衡は,

$$(バレエ, バレエ), \quad (ボクシング, ボクシング)$$

という 2 つの結果である. 一般的には, 標準形ゲーム (N, S, R) でのナッシュ均衡の定義は以下のようになる.

定義 7.2 (ナッシュ均衡) 任意の $s^* = (s_i^*)_{i \in N} \in S$ に対して, 結果 s^* がナッシュ均衡であるとは, 任意の $i \in N$, 任意の $s_i \in S_i$ に対して,

$$(s_i^*, s_{-i}^*) \; R_i \; (s_i, s_{-i}^*)$$

であるときをいう. □

7.2.2 一般ハイパーゲームでのナッシュ均衡

一般ハイパーゲームにおける均衡概念として，ここでは，ナッシュ均衡の考え方を一般ハイパーゲームに適用できるように修正したものを紹介する．この均衡概念を「一般ハイパーゲームでのナッシュ均衡」と呼ぶことにしよう．

誤認識がない場合の均衡は，どの主体も自分ひとりで戦略を変更しても得をしない，ということが成り立っているような結果として定義されていた．同様の考えで一般ハイパーゲームでの均衡を定義する場合，気をつけなければならないのは，戦略の変更が各主体が認識している状況の中で行われる，ということである．一般ハイパーゲームでのナッシュ均衡は以下の「一方的移動」，「一方的改善」，「合理的結果」という概念を用いて定義できる．一般ハイパーゲーム $(N, (G^\sigma)_{\sigma \in \Sigma^*})$ が与えられているとする．

定義 7.3 (一方的移動) 任意の $\sigma \in \Sigma^*$，任意の $i \in N^\sigma$，任意の $\bar{s}^\sigma \in S^\sigma$，任意の $s_i^\sigma \in S_i^\sigma$ に対して，s_i^σ が σ から見た i にとっての，$\bar{s}^\sigma$ からの一方的移動であるとは，任意の $j \in N^{i\sigma} \setminus \{i\}$ に対して，$\bar{s}_j^\sigma \in S_j^{i\sigma}$ であることをいう． □

定義より，任意の $j \in N^{i\sigma} \setminus \{i\}$ に対して $\bar{s}_j^\sigma \in S_j^{i\sigma}$ が成立しているとき，特に，$\bar{s}_i^\sigma \in S_i^\sigma$ は σ から見た i にとっての，$\bar{s}^\sigma$ からの一方的移動である．

定義 7.4 (一方的改善) 任意の $\sigma \in \Sigma^*$，任意の $i \in N^\sigma$，任意の $\bar{s}^\sigma \in S^\sigma$，任意の $s_i^\sigma \in S_i^\sigma$ に対して，s_i^σ が σ から見た i にとっての，$\bar{s}^\sigma$ からの一方的改善であるとは，s_i^σ が σ から見た i にとっての，$\bar{s}^\sigma$ からの一方的移動であり（このとき，$(s_i^\sigma, \bar{s}_{N^{i\sigma} \setminus \{i\}}^{i\sigma}), (\bar{s}_i^\sigma, \bar{s}_{N^{i\sigma} \setminus \{i\}}^{i\sigma}) \in S^{i\sigma}$ である），かつ，

$$(s_i^\sigma, \bar{s}_{N^{i\sigma} \setminus \{i\}}^{i\sigma}) \, P_i^{i\sigma} \, (\bar{s}_i^\sigma, \bar{s}_{N^{i\sigma} \setminus \{i\}}^{i\sigma})$$

であるときをいう．ただし，$s\,P\,s'$ は，$s\,R\,s'$ であり，かつ「$s'\,R\,s$ ではない」ことを表す． □

定義 7.5 (合理的結果) 任意の $\sigma \in \Sigma^*$，任意の $i \in N^\sigma$，任意の $\bar{s}^\sigma \in S^\sigma$ に対して，$\bar{s}^\sigma$ が σ から見た i にとっての合理的結果であるとは，$\bar{s}^\sigma$ が σ から見た i にとっての，$\bar{s}^\sigma$ からの一方的移動であり，かつ，任意の $s_i^\sigma \in S_i^\sigma$ に対して，s_i^σ は σ から見た i にとっての，$\bar{s}^\sigma$ からの一方的改善ではないときをいう． □

7.2. ハイパーゲームの分析

定義 7.6 (一般ハイパーゲームでのナッシュ均衡) 任意の $\sigma \in \Sigma^*$, 任意の $\bar{s}^\sigma \in S^\sigma$ に対して, $\bar{s}^\sigma$ が σ から見た, 一般ハイパーゲームでのナッシュ均衡であるとは, 任意の $i \in N^\sigma$ に対して, $\bar{s}^\sigma$ が σ から見た i にとっての合理的結果であるときをいう. □

一般ハイパーゲームでのナッシュ均衡を用いて, 第 7.1.1 節で扱った設備投資に関する意思決定の状況を分析してみよう.

表 7.3 と表 7.4 における企業 A, B, C をそれぞれ主体 1, 2, 3 とし, 企業 A, B, C それぞれの戦略

企業 A ： (投資する, 投資しない), (投資しない, 投資する), (投資しない, 投資しない);

企業 B ： 投資する, 投資しない;

企業 C ： 投資する, 投資しない

を,

$$x_1, \quad x_2, \quad x_3;$$

$$y_1, \quad y_2;$$

$$z_1, \quad z_2$$

と書くことにすると, 表 7.6 を得る. これを G_α と呼ぼう.

つまり, $G_\alpha = \{N_\alpha, S_\alpha, R_\alpha\}$ とすると,

$$N_\alpha = \{1, 2, 3\};$$

$$S_{\alpha 1} = \{x_1, x_2, x_3\}, \quad S_{\alpha 2} = \{y_1, y_2\}, \quad S_{\alpha 3} = \{z_1, z_2\};$$

$$R_{\alpha 1}, \quad R_{\alpha 2}, \quad R_{\alpha 3} \text{ は表 7.6 の通り}$$

である.

同様に, 表 7.2 における企業 A, B をそれぞれ主体 1, 2 とし, 企業 A, B それぞれの戦略

企業 A ： 投資する, 投資しない;

表 7.6: 意思決定状況 G_α

G_α		主体3：z_1				主体3：z_2	
		主体2				主体2	
	戦略	y_1	y_2		戦略	y_1	y_2
主体1	x_1	15, 15, 0	35, 0, 0	主体1	x_1	20, 15, 5	40, 0, 5
	x_2	20, 35, 5	30, 10, 5		x_2	25, 35, 0	35, 10, 0
	x_3	0, 35, 0	10, 10, 0		x_3	5, 35, 5	15, 10, 5

企業 B ： 投資する， 投資しない

を，

$$x_1, \quad x_2;$$

$$y_1, \quad y_2$$

と書くことにすると，表 7.7 を得る．これを G_β と呼ぼう．

表 7.7: 意思決定状況 G_β

G_β		主体2	
	戦略	y_1	y_2
主体1	x_1	15, 15	35, 0
	x_2	0, 35	10, 10

つまり，$G_\beta = \{N_\beta, S_\beta, R_\beta\}$ とすると，

$$N_\beta = \{1, 2\};$$

$$S_{\beta 1} = \{x_1, x_2\}, \quad S_{\beta 2} = \{y_1, y_2\};$$

7.2. ハイパーゲームの分析

$R_{\alpha 1}$, $R_{\alpha 2}$ は表 7.7 の通り

である.

ここで, 主体 1 が「意思決定状況は G_α である」と認識していて, 同時に主体 1 は「主体 2 は状況が G_β, 主体 3 は状況が G_α であると認識している」と考えているとして,

結果 (x_2, y_1, z_1) は, 主体 1 から見た, 一般ハイパーゲームでのナッシュ均衡である

ということを確認してみよう. これを確認するには,

任意の $i \in N^1 = N_\alpha$ に対して, $\bar{s}^1(x_2, y_1, z_1)$ が主体 1 から見た主体 i にとっての合理的結果である

ということを確かめればよい. 場合分けをして考えていこう.

- $i = 1$ のとき.

  $N^1 \setminus \{1\} = \{2, 3\}$ であり, $y_1 \in S_2^1$ かつ $z_1 \in S_3^1$ であるから, x_2 は「主体 1 から見た主体 1 にとっての $\bar{s}^1$ からの一方的移動」である. また, x_1, x_2, x_3 は, ともに, 「主体 1 から見た主体 1 にとっての $\bar{s}^1$ からの一方的改善」ではない.

- $i = 2$ のとき.

  $N^{21} \setminus \{2\} = \{1\}$ であり, $x_2 \in S_1^{21}$ であるから, y_1 は「主体 1 から見た主体 2 にとっての $\bar{s}^1$ からの一方的移動」である. また, y_1, y_2 は, ともに, 「主体 1 から見た主体 2 にとっての $\bar{s}^1$ からの一方的改善」ではない.

- $i = 3$ のとき.

  $N^{31} \setminus \{3\} = \{1, 2\}$ であり, $x_2 \in S_1^{31}$ かつ $y_1 \in S_2^{31}$ であるから, z_1 は「主体 1 から見た主体 3 にとっての $\bar{s}^1$ からの一方的移動」である. また, z_1, z_2 は, ともに, 「主体 1 から見た主体 3 にとっての $\bar{s}^1$ からの一方的改善」ではない.

したがって,「任意の $i \in N^1 = N_\alpha$ に対して, $\bar{s}^1$ が主体 1 から見た主体 i にとっての合理的結果である」であることがわかり, 結果 (x_2, y_1, z_1) は, 主体 i から見た, 一般ハイパーゲームでのナッシュ均衡であることが確かめられた.

7.3 ハイパーゲームの枠組の欠点と改善

一般ハイパーゲームの定義や一般ハイパーゲームでのナッシュ均衡の定義を注意深く見ると, いくつかの問題点が明らかになる. ここではハイパーゲームの枠組の問題点について考え, それを解決するための新たな枠組を構築する必要性を確認する.

7.3.1 ハイパーゲームの枠組の問題点

ハイパーゲームの枠組の問題点として以下のことが挙げられよう.

1. 「状況に巻き込まれている主体の集合 N についての誤認識」の扱いが不適切である.

    一般ハイパーゲーム $(N, (G^\sigma)_{\sigma \in \Sigma^*})$ に巻き込まれている各主体 $i \in N$ は,「状況に巻き込まれている主体全体の集合は N^i である」と認識していることになっている. しかし, 主体の列全体の集合 Σ^* の定義から明らかなように, 一般ハイパーゲームの記述 $(N, (G^\sigma)_{\sigma \in \Sigma^*})$ には, N^i に属している j についても, 属していない j についても, G^{ji} という要素が含まれている. $j \in N^i$ であるときには, 主体 i は「主体 j は状況に巻き込まれている」と考えている. したがって, 主体 i の意思決定に「主体 i から見た主体 j から見た状況」, つまり G^{ji} が関係してくることは理解できる. しかし, $j \notin N^i$ であるときには, 主体 i は「主体 j は状況に巻き込まれている」とは考えていないのである. このようなときにまで G^{ji} を用意し, 意思決定状況の記述や分析に影響を与えさせるのは問題である.

    また, 複数の認識の階層の間の関係がまったく考慮されていないことも問

7.3. ハイパーゲームの枠組の欠点と改善

題である．主体 $i \in N$ から見た主体の集合 N^i と，主体 i から見た主体 $j \in N^i$ から見た主体の集合 N^{ji} の間には，通常，$N^{ji} \subset N^i$ という関係があるはずである．なぜなら，$j \in N^i$ であるような主体 j は，主体 i から見れば「状況に巻き込まれている主体」であり，その主体 j が「状況に巻き込まれている主体である」と考えていると主体 i が認識しているような主体であれば，主体 i にとっても「状況に巻き込まれている主体」であると考えるのが自然であるからである．一般ハイパーゲームや主体の列全体の集合 Σ^* の定義から，このような，主体が持っている複数の認識の階層の間の関係がまったく導出されないのは問題である．

2. 「各主体の戦略の集合 S についての誤認識」や「各主体の選好 R についての誤認識」の扱いが不適切である．

主体の集合についての誤認識の扱いの不適切さにより，戦略の集合や選好についての誤認識も不適切になっている．一般ハイパーゲームの記述 $(N, (G^\sigma)_{\sigma \in \Sigma^*})$ の中には，主体 $i \in N$ が認識していない主体 j に対しても，主体 i から見た主体 j の戦略の集合 S_j^i や選好 R_j^i がある．これらの存在が，意思決定状況の記述を不適切にし，また状況の分析に影響を与えていることは問題である．

3. 認識の更新の扱いが不十分である．

ハイパーゲームの枠組で扱われているのは，状況を間違って認識する可能性を持ち，またその可能性を認識しているような主体である．誤認識の可能性を認識している主体は，通常，自分が持っている認識をより正しいものへと修正していこうとすると考えられる．しかし，ハイパーゲームの枠組では，主体の認識の更新の側面やその原因となる主体の間の情報交換がまったく扱われない．意思決定状況を正しく記述・分析するためには，情報交換とそれに伴う認識の変化を扱うことができる枠組が必要である．

4. 均衡が認識の各階層ごとに定義されていて，「起こり得る結果」としての均衡という形になっていない．

均衡概念は，意思決定状況で達成されそうな結果を特定するために用いら

れることが多い．しかし，一般ハイパーゲームを分析するために提案されている均衡概念のほとんどは，前節で紹介した「一般ハイパーゲームでのナッシュ均衡」のように，認識の各階層ごとに均衡を定めるように定義されている．これでは，「ハイパーゲームで表現されている意思決定状況全体として，どの結果が達成されそうか」という問いに答え得ない．

7.3.2 「誤認識」から「相互認識」へ

前節の「問題点」を解決するために，本書では「相互認識」という考え方，特に「認識体系」という数理的な概念を用いて，新しい枠組を構築する．詳しくは第8章と第9章で述べられるが，どのようなアイデアで問題点を克服しようとするのかを述べておこう．

1. 「状況に巻き込まれている主体の集合 N についての誤認識」の扱いについて．

    > 「主体 i が『主体 j が状況に巻き込まれている』と考えている」
    > というとき，またそのときに限って，「主体 i は，主体 j の状況の認識についての認識を持つ」

    という条件や，

    > 各主体は，「他者が認識している主体」についての認識の中に現れる主体は，すでに認識している

    などの条件をもとにして，「認識体系」という概念を定義し，「主体の集合についての誤認識」を適切に扱う．

2. 「各主体の戦略の集合 S についての誤認識」や「各主体の選好 R についての誤認識」の扱いについて．

    > 各主体は，自分が「状況に巻き込まれている」と考えている他の主体の，そしてそのような他の主体だけの戦略の集合や選好についての認識を持つ

7.3. ハイパーゲームの枠組の欠点と改善

という条件や,

> 各主体は,「他者が認識している戦略」についての認識の中に現れる戦略は, すでに認識している

という条件を用いて, 戦略の集合や選好についての認識の扱いを適切にする.

3. 認識の更新の扱いについて.

   まず, 主体の間の情報交換を扱うことを可能にするような枠組を構築する. 情報交換にはさまざまなタイプがあるので, それらをできるだけ統一的に扱えるような枠組が望ましい. さらに, 情報交換に伴う主体の認識の変化を表現するための枠組を作り, 主体の間の情報交換が主体の意思決定に与える影響を分析していく.

4. 均衡について.

   情報交換と認識の更新の考え方を利用して,「起こり得る結果」としての均衡を新たに定義する.

これらのうち, 1. と 2. については第 8 章で, 3. と 4. については第 9 章で扱われる.

第8章　相互認識

　第7章で扱ったハイパーゲーム理論を「誤認識を伴う意思決定状況」を分析するための枠組と呼ぶのなら，この章で扱うのは，「相互認識を伴う意思決定状況」を扱うための数理的な枠組であるといえる．前章の最後の節で論じられたハイパーゲーム理論の欠点と改善案を踏まえ，「主体の相互認識」という考え方を中心にして，意思決定状況を分析するための新たな数理的枠組を構築するのがこの章の目的である．「認識体系」という数理的な対象が，主体の相互認識という考え方を具体化し，さらに「相互認識を伴う意思決定状況」を数理的に厳密に定義する．相互認識，および認識体系の概念を用いると，ハイパーゲーム理論の欠点が改善され，主体が持っている，意思決定状況や他者についての認識がより適切に表現されることになる．

　この章では，認識体系の定義を与えた後，その基本的な性質として，各主体の認識体系が，その主体の直接の認識の部分と，他者が持っている認識についての間接的な認識の部分に分解され，さらに間接的な認識の部分は，他の主体の認識体系についての認識に分解されることを明らかにする．これにより，主体の認識体系は，その主体が持っている他の主体の認識体系についての認識をも内包していることがわかり，主体が持っている認識の表現としては完結したものであることが示される．また，認識体系の考え方を用いた「共有知識」の定義を与え，標準形ゲームで表現される競争の意思決定の状況が「相互認識を伴う意思決定状況」の特殊な形として表現できることを確認する．さらに「内部共有知識」の概念を提案し，主体が持っている認識を細かく表現することを可能にする．最後に，認識体系の「合成」と「共通部分」という考え方を定義して，複数の認識体系の間での演算が定義されることを述べる．

第8章 相互認識

この章で紹介されるのは、主に、相互認識の考え方の数理的な部分である。この章で構築される枠組を用いた意思決定状況の分析は次章で行われる。

8.1 相互認識の数理

前章の最後の議論で、ハイパーゲームの枠組にはいくつかの問題点があることがわかった。ここではこれらの問題点を、「認識体系」という数理的な対象で具体化される「相互認識」という考え方に基づいて克服していく。まず、ハイパーゲームの枠組の問題点を振り返り、それを克服できるように認識体系を定義しよう。

8.1.1 誤認識と相互認識

誤認識という考え方に基づいた一般ハイパーゲームの表現では、主体の集合についての認識の扱いが不適切であった。例えば、任意の $i \in N$ に対して、$j \notin N^i$ であるような $j \in N$ についても、本来記述されるべきではない「主体 i から見た主体 j による状況の認識」、すなわち G^{ji} が状況の表現に含まれていた。また、一般ハイパーゲームの表現は、各主体が持っている認識の階層の間の関係を明確に定めていなかった。通常、任意の $i \in N$ と任意の $j \in N^i$ に対して、N^i と N^{ji} の間には、$N^{ji} \subset N^i$ という関係があると考えるのが自然である。なぜなら、主体 i は「主体 j の意思決定は N^{ji} の中に属する主体の行動から影響を受ける」と考えているため、主体 i は「N^{ji} の中に属している主体すべてが状況に巻き込まれている」と考えている、とするのが妥当であるからである。しかし、一般ハイパーゲームの定義からはこのような関係は導かれない。

このような問題を解決するには、各主体が持っている認識の階層の間にあるべき関係をある程度明確に特定する必要がある。そのためには、相互認識という考え方に基づいた、認識体系という数理的な概念が利用できる。

相互認識の考え方は、状況を正しく認識しているとは限らず、また状況を正しく認識しているとは限らないということを知っている主体を想定しているとい

う点では誤認識の考え方と類似している．しかし，相互認識の考え方が想定している主体は，状況を必要十分な認識で捉えようとしていて，状況に少しでも関連があると認識される主体についての認識は持ち，逆に状況にまったく関連がないと認識されている主体についての認識は持たない．相互認識の考え方においては，主体が他の主体を「状況に巻き込まれている主体」として認識することと，その主体についての認識を持つことが同じ意味であり，各主体がどんな主体の認識をも持ち得る誤認識の考え方とは異なっている．

相互認識の考え方における主体は，他の主体も自分と同様な認識の仕方をし，同様な方法で意思決定を行うと考えていると想定されるという点でも誤認識の考え方とは異なっている．この点は，第9章で扱う，主体の間の情報交換とそれに伴う認識の変化を数理的に扱うための枠組に反映される．

では，相互認識の考え方に基づいて認識体系という概念を定義し，その基本性質を見ていこう．

8.1.2 認識体系の定義

主体の列の概念はハイパーゲームの枠組で重要だった．相互認識の考え方においても主体の列はやはり重要な概念である．ここではさらに，主体の列をつなぎ合わせることを考えるために，主体の列の合成の概念を導入しておく．意思決定主体全体の集合 $N = \{1, 2, \ldots, n\}$ が与えられているとする．

定義 8.1 (主体の列) Σ^* を主体の列全体の集合とする．つまり，

$$\Sigma^* = \{\sigma = i_1 i_2 \cdots i_p \ (p = 1, 2, \ldots) \mid i_1, i_2, \ldots, i_p \in N,$$
$$i_r \neq i_{r+1} \ (r = 1, 2, \ldots, p-1)\}$$

である． □

主体の列のうち，ある $i \in N$ で終わるようなものを「主体 i の主体の列」という．このような列は，主体 i の認識を記述する際に用いられる．

定義 8.2 (主体 i の主体の列) 任意の $i \in N$ に対して，Σ_i^* を，主体 i の主体の

列全体の集合とする．つまり，

$$\Sigma_i^* = \{\sigma = i_1 i_2 \cdots i_p \ (p = 1, 2, \ldots) \mid i_1, i_2, \ldots, i_p \in N,$$
$$i_p = i, i_r \neq i_{r+1} \ (r = 1, 2, \ldots, p-1)\}$$

である． □

2つの主体の列をつなぎ合わせて1つの主体の列を作ることを「主体の列の合成」という．

定義 8.3 (主体の列の合成) 任意の $\sigma = i_1 i_2 \cdots i_p$，任意の $\tau = j_1 j_2 \cdots j_q \in \Sigma^*$ に対して，σ と τ の合成 $\sigma\tau$ は，

- $i_p = j_1$ であるときには $i_1 i_2 \cdots i_p j_2 \cdots j_q$，
- $i_p \neq j_1$ であるときには $i_1 i_2 \cdots i_p j_1 j_2 \cdots j_q$

である． □

主体全体の集合 N についての相互認識を考える場合，一般には，すべての主体の列が意味を持つとは限らない．例えば，任意の $i \in N$ と任意の $j \notin N^i$ に対して，主体の列 ji は，通常は意味を持たない．$j \notin N^i$ であるため，主体 i は主体 j が状況に巻き込まれているとは考えておらず，したがって，「主体 i から見た主体 j の認識」を記述するために用いられる主体の列 ji は不必要となるからである．主体の列のうち意味を持つものだけを集めたものが「認識体系」である．

定義 8.4 (N の認識体系) 任意の $i \in N$ に対して，$(\mathbf{N}_i, \Sigma_i)$ は以下の条件を満たすとき，主体 i の N の認識体系という．ただし，$\mathbf{N}_i = (N^\sigma \mid N^\sigma \subset N)_{\sigma \in \Sigma_i}$ であり $\Sigma_i \subset \Sigma_i^*$ であるとする．

1. $i \in \Sigma_i$ である．
2. $\sigma = i_1 i_2 \cdots i_p \in \Sigma_i$ ならば $i_1 \in N^\sigma$ である．
3. $\sigma = i_1 i_2 \cdots i_p \in \Sigma_i$ かつ $j \in N^\sigma \setminus \{i_1\}$ ならば，$j\sigma \in \Sigma_i$ かつ $N^{j\sigma} \subset N^\sigma$ である．そして，

4. $\sigma = i_1 i_2 \cdots i_p \in \Sigma_i \setminus \{i\}$ ならば, $i_2 \cdots i_p \in \Sigma_i$ かつ $i_1 \in N^{i_2 \cdots i_p}$ である.

□

主体の認識体系の定義の中の条件1は, 状況に巻き込まれている各主体は状況についての認識を持っているということを表す. 条件2は, 状況についての認識を持っている主体は, 自分が状況に巻き込まれていると信じているということを表し, 条件3は, ある他者が状況に巻き込まれていると考えている主体は, その他者が状況についての認識を持っていると考えているということを表現している. 最後の条件4は, 他者が状況を認識していると考えている主体は, その他者が状況に巻き込まれていると考えているということを意味している.

これらの条件は, 相互認識の考え方を反映している. 各主体が持っている, 主体の集合についての認識をこのように定義することで, ハイパーゲームの枠組における, 主体の集合についての認識の扱いの不適切さが解消される.

8.1.3 認識体系の特定定理

主体の集合についての認識体系は, 主体全体の集合の部分集合の集まり $\mathbf{N}_i$ と, それに対する添え字の集合 Σ_i という2つの成分の組である. 次の命題が示すように, この「組」は, 成分のうちどちらか一方を定めれば特定される.

命題 8.1 (認識体系の特定定理) 任意の $i \in N$ に対して, 主体 i の N の認識体系 $(\mathbf{N}_i, \Sigma_i)$, $(\mathbf{N}'_i, \Sigma'_i)$ を考える. ただし, $\mathbf{N}_i = (N^\sigma)_{\sigma \in \Sigma_i}$ かつ $\mathbf{N}'_i = (N'^{\sigma'})_{\sigma' \in \Sigma'_i}$ であるとする. もし, $\Sigma_i = \Sigma'_i$ が成立するなら, 任意の $\sigma \in \Sigma_i = \Sigma'_i$ に対して $N^\sigma = N'^\sigma$ である.

□

(証明) $\Sigma_i = \Sigma'_i$ とし, 主体の列 $\sigma = i_1 i_2 \cdots i_p \in \Sigma_i = \Sigma'_i$ を考える. 条件2から, i_1 は $N^\sigma \cap N'^\sigma$ の要素である. 条件3より, 任意の $j \in N^\sigma \setminus \{i_1\}$ に対して, 主体の列 $j\sigma$ は Σ_i の要素である. さらに, $\Sigma_i = \Sigma'_i$ なので, 条件4より, j は N'^σ の要素である. したがって, N^σ は N'^σ に包含される. N^σ と N'^σ の立場を入れ替えると, $N^\sigma = N'^\sigma$ が成り立つことがわかる. ■

8.2 認識体系の分解

主体の認識体系に対しては,「制限」や「正規化」といった操作を施すことができる. また認識体系は,「認識」と「視界」に分解することができ, さらに, 視界は, 認識体系で分解可能である. これらのことを順に見ていこう.

8.2.1 認識体系の制限

認識体系が1つ与えられていると, 主体の列による「制限」を考えることができる. 制限された認識体系は, 考えている主体の列で終わるような列をすべて集めたものとして定義される.

定義 8.5 (認識体系の制限) 任意の $i \in N$, 任意の主体 i の N の認識体系 $(\mathbf{N}_i, \Sigma_i)$, 任意の $\sigma = i_1 i_2 \cdots i_p \in \Sigma_i$ に対して, $(\mathbf{N}_\sigma, \Sigma_\sigma)$ を $(\mathbf{N}_i, \Sigma_i)$ の σ による制限という. ただし,

$$\Sigma_\sigma = \{\tau = j_1 j_2 \cdots j_q \in \Sigma_i \ (q = p, p+1, p+2, \dots) \mid$$
$$j_{q-r+1} = i_{p-r+1} \ (r = 1, 2, \dots, p)\}$$

であり, $\mathbf{N}_\sigma = (N^\tau)_{\tau \in \Sigma_\sigma}$ であるとする. □

次の命題によって, 制限された認識体系は認識体系が満たす条件と同様の条件を満たし, 1つの認識体系としてみなすことができるということがわかる.

命題 8.2 (制限された認識体系は認識体系と同一視できる) 任意の $i \in N$, 任意の主体 i の N の認識体系 $(\mathbf{N}_i, \Sigma_i)$, 任意の $\sigma = i_1 i_2 \cdots i_p \in \Sigma_i$ に対して, $(\mathbf{N}_i, \Sigma_i)$ の σ による制限 $(\mathbf{N}_\sigma, \Sigma_\sigma)$ は以下を満たす.

1. $\sigma \in \Sigma_\sigma$ である.
2. $\tau = j_1 j_2 \cdots j_q \in \Sigma_\sigma$ ならば $j_1 \in N^\tau$ である.
3. $\tau = j_1 j_2 \cdots j_q \in \Sigma_\sigma$ かつ $j \in N^\tau \setminus \{j_1\}$ ならば, $j\tau \in \Sigma_\sigma$ かつ $N^{j\tau} \subset N^\tau$ である. そして,

8.2. 認識体系の分解   149

4. $\tau = j_1 j_2 \cdots j_q \in \Sigma_\sigma \setminus \{\sigma\}$ ならば，$j_2 \cdots j_q \in \Sigma_\sigma$ かつ $j_1 \in N^{j_2 \cdots j_p}$ である．

□

(証明) 各条件が満たされることを順に確認していこう．

- 条件 1 について：

  $\Sigma_\sigma = \{\tau = j_1 j_2 \cdots j_q \in \Sigma_i \, (q = p, p+1, p+2, \dots) \mid j_{q-r+1} = i_{p-r+1} \, (r = 1, 2, \dots, p)\}$ において $q = p$ とすれば，$r = 1, 2, \dots, p$ に対して $j_{q-r+1} = j_{p-r+1} = i_{p-r+1}$ となり，$\sigma \in \Sigma_\sigma$ となることがわかる．

- 条件 2 について：

  $\tau = j_1 j_2 \cdots j_q \in \Sigma_\sigma$ とすると，$\Sigma_\sigma \subset \Sigma_i$ なので $\tau = j_1 j_2 \cdots j_q \in \Sigma_i$ となり，$j_1 \in N^\tau$ である．

- 条件 3 について：

  $\tau = j_1 j_2 \cdots j_q \in \Sigma_\sigma$ かつ $j \in N^\tau \setminus \{j_1\}$ とする．$\Sigma_\sigma \subset \Sigma_i$ より $\tau \in \Sigma_i$ であることがわかり，$j \in N^\tau$ であることとあわせて，$j\tau \in \Sigma_i$ かつ $N^{j\tau} \subset N^\tau$ となることがわかる．$j\tau \in \Sigma_\sigma$ であることも $\tau \in \Sigma_\sigma$ であることからわかる．

- 条件 4 について：

  $\tau = j_1 j_2 \cdots j_q \in \Sigma_\sigma \setminus \{\sigma\}$ とすると，$\tau \in \Sigma_i \setminus \{i\}$ なので，$j_2 \cdots j_q \in \Sigma_i$ かつ $j_1 \in N^{j_2 \cdots j_q}$ である．$\tau \in \Sigma_\sigma \setminus \{\sigma\}$ なので $j_2 \cdots j_q \in \Sigma_\sigma$ であることもいえる． ∎

8.2.2 認識体系の正規化

上の命題で示された通り，主体の列で制限された認識体系は，再び認識体系と同じ構造を持つ．それを認識体系として書き直すための手続きを与えるのが認識体系の「正規化関数」である．

定義 8.6 (主体の列による認識体系の正規化関数) 任意の $i \in N$ と任意の主体 i の N の認識体系 $(\mathbf{N}_i, \Sigma_i)$, そして任意の $\sigma = i_1 i_2 \cdots i_p \in \Sigma_i$ に対して, 列 σ による正規化関数 v_σ とは, Σ_σ から $\Sigma_{i_1}^*$ への関数で, 任意の

$$\tau = j_1 j_2 \cdots j_{q-p} j_{q-p+1} j_{q-p+2} \cdots j_q \ (q = p, p+1, \ldots) \in \Sigma_\sigma$$

に対して

$$v_\sigma(\tau) = j_1 j_2 \cdots j_{q-p} i_1 (= j_1 j_2 \cdots j_{q-p} j_{q-p+1})$$

であるようなものである. □

正規化関数は一対一の関数である. ここで関数が一対一であるとは, 2つの異なる要素に対してその関数を施した場合, 必ず異なる値が対応することをいう.

命題 8.3 (正規化関数は一対一関数) 任意の $i \in N$, 任意の主体 i の N の認識体系 $(\mathbf{N}_i, \Sigma_i)$, 任意の $\sigma = i_1 i_2 \cdots i_p \in \Sigma_i$ に対して, 列 σ による正規化関数 v_σ は Σ_σ から $\Sigma_{i_1}^*$ への一対一の関数である. □

(証明) τ と τ' を任意に Σ_σ から選ぶと, $\tau = j_1 j_2 \cdots j_q$, $\tau' = j'_1 j'_2 \cdots j'_{q'}$ と書ける. $v_\sigma(\tau) = v_\sigma(\tau')$ とする. $v_\sigma(\tau) = j_1 j_2 \cdots j_{q-p} i_1$ であり, かつ $v_\sigma(\tau') = j'_1 j'_2 \cdots j'_{q'-p} i_1$ であるので, $q = q'$ であり, 任意の $r = 1, 2, \cdots, q-p$ に対して $j_r = j'_r$ である. さらに,

$$\tau = j_1 j_2 \cdots j_{q-p} i_1 \cdots i_p$$

かつ

$$\tau' = j'_1 j'_2 \cdots j'_{q'-p} i_1 \cdots i_p = j_1 j_2 \cdots j_{q-p} i_1 \cdots i_p$$

なので, $\tau = \tau'$ となり, v_σ が一対一関数であることがわかる. ■

ある主体の列による正規化関数を用いて, 1つの認識体系から新たな認識体系を得ることを認識体系の正規化と呼ぶ. 正規化によって得られる認識体系は, 主体の列によって制限された認識体系と同一視することができる.

8.2. 認識体系の分解

定義 8.7 (主体の列による認識体系の正規化) 任意の $i \in N$, 任意の主体 i の N の認識体系 $(\mathbf{N}_i, \Sigma_i)$, 任意の $\sigma = i_1 i_2 \cdots i_p \in \Sigma_i$ に対して, $(\overline{\mathbf{N}}_\sigma, \overline{\Sigma}_\sigma)$ が列 σ による $(\mathbf{N}_i, \Sigma_i)$ の正規化であるとは, $\overline{\Sigma}_\sigma = v_\sigma(\Sigma_i)$ であり, かつ

$$\overline{\mathbf{N}}_\sigma = (\overline{N}^\tau \mid \overline{N}^\tau = N^{v_\sigma^{-1}(\tau)})_{\tau \in \overline{\Sigma}_\sigma}$$

であることをいう. □

次の命題が, 認識体系の正規化が確かに認識体系になることを示している.

命題 8.4 (認識体系の正規化は認識体系である) 任意の $i \in N$, 任意の主体 i の N の認識体系 $(\mathbf{N}_i, \Sigma_i)$, 任意の $\sigma = i_1 i_2 \cdots i_p \in \Sigma_i$ に対して, 列 σ による $(\mathbf{N}_i, \Sigma_i)$ の正規化 $(\overline{\mathbf{N}}_\sigma, \overline{\Sigma}_\sigma)$ は, 主体 i_1 の N の認識体系である. □

(証明) 認識体系が満たすべき条件が満たされることを確認していく.

- 条件 1 について:

  $\sigma \in \Sigma_\sigma$ であり, $v_\sigma(\sigma) = i_1$ であるから, $i_1 \in \overline{\Sigma}_\sigma$ である.

- 条件 2 について:

  $\tau = j_1 j_2 \cdots j_q \in \overline{\Sigma}_\sigma$ とすると, $v_\sigma^{-1}(\tau) = j_1 j_2 \cdots j_{q-1} i_1 \cdots i_p \in \Sigma_\sigma$ である. このとき, 命題 8.2 の条件 2 より $j_1 \in N^{v_\sigma^{-1}(\tau)}$ であるから, $j_1 \in \overline{N}^\tau$ である.

- 条件 3 について:

  $\tau = j_1 j_2 \cdots j_q \in \overline{\Sigma}_\sigma \setminus \{\sigma\}$ かつ $j \in \overline{N}^\tau \setminus \{j_1\}$ とする.

  $$v_\sigma^{-1}(\tau) = j_1 j_2 \cdots j_{q-1} i_1 \cdots i_p \in \Sigma_\sigma$$

  かつ $j \in N^{v_\sigma^{-1}(\tau)}$ なので, 命題 8.2 の条件 3 より, $j v_\sigma^{-1}(\tau) \in \Sigma_\sigma$ かつ $N^{j v_\sigma^{-1}(\tau)} \subset N^{v_\sigma^{-1}(\tau)}$ である. $j v_\sigma^{-1}(\tau) = v_\sigma^{-1}(j\tau)$ なので $v_\sigma^{-1}(j\tau) \in \Sigma_\sigma$ かつ $N^{v_\sigma^{-1}(j\tau)} \subset N^{v_\sigma^{-1}(\tau)}$ である. したがって, $j\tau \in \overline{\Sigma}_\sigma$ かつ $\overline{N}^{j\tau} \subset \overline{N}^\tau$ である.

- 条件 4 について：

  $\tau = j_1 j_2 \cdots j_q \in \overline{\Sigma}_\sigma \backslash \{j_1\}$ とすると, $v_\sigma^{-1}(\tau) = j_1 j_2 \cdots j_{q-1} i_1 \cdots i_p \in \Sigma_\sigma \backslash \{\sigma\}$ である. 命題 8.2 の条件 4 より, $j_2 \cdots j_{q-1} i_1 \cdots i_p \in \Sigma_\sigma$ かつ $j_1 \in N^{j_2 \cdots j_{q-1} i_1 \cdots i_p}$ である. $j_2 \cdots j_{q-1} i_1 \cdots i_p = v_\sigma^{-1}(j_2 \cdots j_q)$ なので, $j_2 \cdots j_q \in \overline{\Sigma}_\sigma$ かつ $j_1 \in \overline{N}^{j_2 \cdots j_q}$ である. ∎

認識体系を正規化した結果得られるのは認識体系である．すると，正規化によって得られた認識体系をさらに正規化することができる．このように，1 つの認識体系に対して正規化の手続きを繰り返して施すことは，「正規化関数の合成」で表現することができる．下の命題により，正規化関数の合成は，1 つの正規化関数で表現できることがわかる．

命題 8.5 (正規化関数の合成) 任意の $i \in N$, 任意の主体 i の N の認識体系 $(\mathbf{N}_i, \Sigma_i)$, 任意の $\sigma = i_1 i_2 \cdots i_p \in \Sigma_i$ に対して, 列 σ による $(\mathbf{N}_i, \Sigma_i)$ の正規化 $(\overline{\mathbf{N}}_\sigma, \overline{\Sigma}_\sigma)$ を考える. $(\overline{\mathbf{N}}_\sigma, \overline{\Sigma}_\sigma)$ は主体 i_1 の N の認識体系なので, 任意の $\tau \in \overline{\Sigma}_\sigma$ に対して, 列 $\tau = j_1 j_2 \cdots j_q$ による $(\overline{\mathbf{N}}_\sigma, \overline{\Sigma}_\sigma)$ の正規化 $((\overline{\mathbf{N}}_\sigma)_\tau, (\overline{\Sigma}_\sigma)_\tau)$ を考えることができる. ただし, $(\overline{\Sigma}_\sigma)_\tau = v_\tau(v_\sigma(\Sigma_i))$ かつ $(\overline{\mathbf{N}}_\sigma)_\tau = (N^\mu \mid N^\mu = N^{v_\sigma^{-1}(v_\tau^{-1}(\mu))})_{\mu \in \overline{(\overline{\Sigma}_\sigma)_\tau}}$ である. このとき, $((\overline{\mathbf{N}}_\sigma)_\tau, (\overline{\Sigma}_\sigma)_\tau)$ は, 列 $\tau\sigma$ による $(\mathbf{N}_i, \Sigma_i)$ の正規化 $(\overline{\mathbf{N}}_{\tau\sigma}, \overline{\Sigma}_{\tau\sigma})$ と一致する. □

(証明) 命題 8.1 より, $\overline{(\overline{\Sigma}_\sigma)_\tau} = \overline{\Sigma}_{\tau\sigma}$ を示せばよい.

- $\mu = k_1 k_2 \cdots k_r \in \overline{(\overline{\Sigma}_\sigma)_\tau}$ をとる.

$$v_\tau^{-1}(\mu) = k_1 k_2 \cdots k_{r-1} j_1 j_2 \cdots j_q \in \overline{(\overline{\Sigma}_\sigma)_\tau} \subset \overline{\Sigma}_\sigma$$

であり,

$$v_\sigma^{-1}(v_\tau^{-1}(\mu)) = k_1 k_2 \cdots k_{r-1} j_1 j_2 \cdots j_{q-1} i_1 i_2 \cdots i_p \in \Sigma_\sigma \subset \Sigma_i$$

である．つまり,

$$v_\sigma^{-1}(v_\tau^{-1}(\mu)) \in \Sigma_{\tau\sigma}$$

であり,

$$v_{\tau\sigma}(v_\sigma^{-1}(v_\tau^{-1}(\mu))) =$$
$$v_{\tau\sigma}(k_1 k_2 \cdots k_{r-1} j_1 j_2 \cdots j_{q-1} i_1 i_2 \cdots i_p) = k_1 k_2 \cdots k_r$$

なので,

$$k_1 k_2 \cdots k_r \in \overline{\Sigma}_{\tau\sigma}$$

である.

- $k_1 k_2 \cdots k_r \in \overline{\Sigma}_{\tau\sigma}$ をとる.

$$k_1 k_2 \cdots k_{r-1} j_1 j_2 \cdots j_{q-1} i_1 i_2 \cdots i_p \in \Sigma_{\tau\sigma} \subset \Sigma_i$$

であり,

$$k_1 k_2 \cdots k_r = v_\tau(v_\sigma(k_1 k_2 \cdots k_{r-1} j_1 j_2 \cdots j_{q-1} i_1 i_2 \cdots i_p)) \in \overline{(\overline{\Sigma}_\sigma)}_\tau$$

となる.

■

8.2.3　認識体系の分解定理

主体の認識体系は,その主体が状況について持っている直接の認識を表す「認識」の部分と,その主体から見た他の各主体が持っている認識を表す「視界」の部分とに分けることができる.まず,認識と視界という概念から定義しよう.各 $i \in N$ に対して,主体 i の N の認識体系 $(\mathbf{N}_i, \Sigma_i)$ が与えられているとする.

定義 8.8 (認識) 任意の $i \in N$ に対して,主体 i の N の認識とは,N^i である.一般に,任意の $i \in N$,任意の $\sigma \in \Sigma_i$ に対して,列 σ の N の認識とは,N^σ である. □

定義 8.9 (視界) 任意の $i \in N$ に対して,主体 i の N の視界とは,$(N^\sigma)_{\sigma \in \Sigma_i \setminus \{i\}}$ であり,$\mathbf{N}^i$ と書く.一般に,任意の $i \in N$,任意の $\sigma \in \Sigma_i$ に対して,列 σ の N の視界とは,$(N^\tau)_{\tau \in \Sigma_\sigma \setminus \{\sigma\}}$ であり,$\mathbf{N}^\sigma$ と書く. □

認識と視界の定義より，認識体系は認識と視界に分割できることがわかる．すなわち，任意の $i \in N$ に対して，$\mathbf{N}_i = (N^i, \mathbf{N}^i)$ であり，一般に，任意の $i \in N$，任意の $\sigma \in \Sigma_i$ に対して，$\mathbf{N}_\sigma = (N^\sigma, \mathbf{N}^\sigma)$ である．さらに以下の命題は，視界が認識体系に分解されることを示している．

命題 8.6 (認識体系の分解定理) 任意の $i \in N$ に対する主体 i の N の認識体系 $(\mathbf{N}_i, \Sigma_i)$ を考える．主体 i の N の視界 $\mathbf{N}^i$ は，任意の $j \in N^i \backslash \{i\}$ に対する，$(\mathbf{N}_i, \Sigma_i)$ の列 ji による制限 $\mathbf{N}_{ji}$ に分解される．つまり，$\mathbf{N}^i = (\mathbf{N}_{ji})_{j \in N^i \backslash \{i\}}$ である．一般に，任意の $\sigma = i_1 i_2 \cdots i_q \in \Sigma_i$ に対して，列 σ の N の視界 $\mathbf{N}^\sigma$ は，任意の $j \in N^\sigma \backslash \{i_1\}$ に対する，$(\mathbf{N}_i, \Sigma_i)$ の列 $j\sigma$ による制限 $\mathbf{N}_{ji}$ に分解される．つまり，$\mathbf{N}^\sigma = (\mathbf{N}_{j\sigma})_{j \in N^\sigma \backslash \{i_1\}}$ である． □

(証明) 一般の場合を証明する．任意の $\sigma = i_1 i_2 \cdots i_q \in \Sigma_i$ に対して，定義より，$\mathbf{N}^\sigma = (N^\tau)_{\tau \in \Sigma_\sigma \backslash \{\sigma\}}$ が成り立つ．τ を σ の直前にある主体に関して分類し，σ の直前には N^σ に含まれる主体だけがすべて現れるという事実を考えると，$\mathbf{N}^\sigma = (N^{\mu j \sigma} \mid \mu j \sigma \in \Sigma_\sigma \backslash \{\sigma\})_{j \in N^\sigma \backslash \{i_1\}}$ であることがわかる．ただし，列 μ は長さを持たない列であってもよい．任意の $j \in N^\sigma \backslash \{i_1\}$ に対して，集合 $\{\mu j \sigma \mid \mu j \sigma \in \Sigma_\sigma \backslash \{\sigma\}\}$ は，集合 $\Sigma_{j\sigma}$ に一致するので，$\mathbf{N}^\sigma = ((N^\nu)_{\nu \in \Sigma_{j\sigma}})_{j \in N^\sigma \backslash \{i_1\}}$ となる．任意の $j \in N^\sigma \backslash \{i_1\}$ に対して $(N^\nu)_{\nu \in \Sigma_{j\sigma}} = \mathbf{N}_{j\sigma}$ であるから，命題は正しい． ∎

8.3 認識体系の性質

認識体系の概念を用いると「共有知識」の概念を取り扱うことができる．前節までの議論では，主体の集合 N についての認識のみが扱われてきた．この節では，認識体系の概念が，意思決定状況を表現するための他の要素，すなわち，主体の戦略の集合や主体の選好についての認識の表現の際にも利用できることを示す．さらに，ある主体の認識体系を複数考えると，それらの「合成」や「共通部分」を考えることができ，合成や共通部分が再び認識体系になることが示される．

8.3. 認識体系の性質

8.3.1 共有知識と内部共有知識

共有知識という概念は，通常，情報が完備であるような意思決定状況，すなわち，主体が状況を正しく認識している場合を表現するときに用いられる．より正確に書くと，ある事象 E がすべての主体の間で共有知識であるとは，

1. E が起こっている．
2. 「1. が成り立っている」ということをすべての主体が知っている．
3. 「2. が成り立っている」ということをすべての主体が知っている．
4. ……（以下，同様に続く）

ということがすべて成り立っているときをいう．

認識体系の概念を使うと共有知識という概念を表現できる．「状況に巻き込まれている主体全体の集合が N である」という事象を考え，この事象がすべての主体の間で共有知識であるいうことを，単に，N がすべての主体の間で共有知識であるということにすると，共有知識の概念は以下のように表現される．任意の $i \in N$ に対して，主体 i の N についての認識体系 $(\mathbf{N}_i, \Sigma_i)$ が与えられているものとし，$(\mathbf{N}_i, \Sigma_i)_{i \in N}$ を $(\mathbf{N}, \Sigma)$ で表すことにしよう．

定義 8.10 (N が共有知識) $(\mathbf{N}, \Sigma) = (\mathbf{N}_i, \Sigma_i)_{i \in N}$ において，N がすべての主体の間で共有知識であるとは，任意の $i \in N$ に対して，$\Sigma_i = \Sigma_i^*$ であることをいう． □

共有知識の定義は，次のようにいいかえることもできる．

> $(\mathbf{N}, \Sigma) = (\mathbf{N}_i, \Sigma_i)_{i \in N}$ において，N がすべての主体の間で共有知識であるとは，任意の $i \in N$，任意の $\sigma \in \Sigma_i$ に対して $N^\sigma = N$ であることをいう．

このいいかえが同値であることは以下の命題で示される．

命題 8.7 (共通知識の定義の同値性) $(\mathbf{N}, \Sigma) = (\mathbf{N}_i, \Sigma_i)_{i \in N}$ において，任意の $i \in N$ に対して $\Sigma_i = \Sigma_i^*$ であることと，任意の $i \in N$，任意の $\sigma \in \Sigma_i$ に対して $N^\sigma = N$ であることは同値である． □

(証明) 任意の $i \in N$ に対して $\Sigma_i = \Sigma_i^*$ であるとし,任意の $i \in N$,任意の $\sigma \in \Sigma_i$ に対して $N^\sigma = N$ であることを示そう.任意の $i \in N$,任意の $\sigma \in \Sigma_i$ に対して,$N^\sigma \subset N$ であることはよい.逆に $N \subset N^\sigma$ であることを示す.$\Sigma_i = \Sigma_i^*$ なので,任意の $j \in N$ に対して,$j\sigma \in \Sigma_i$ である.認識体系の定義の条件4より $j \in N^\sigma$ となる.したがって,任意の $i \in N$,任意の $\sigma \in \Sigma_i$ に対して $N^\sigma = N$ であることがわかった.

逆に,任意の $i \in N$,任意の $\sigma \in \Sigma_i$ に対して $N^\sigma = N$ であるとし,任意の $i \in N$ に対して $\Sigma_i = \Sigma_i^*$ であることを示そう.任意の $i \in N$ に対して $\Sigma_i \subset \Sigma_i^*$ であることはよいので,逆に $\Sigma_i^* \subset \Sigma_i$ であることを示す.任意の $\sigma = i_1 i_2 \cdots i_p \in \Sigma_i^*$ を考える.$i_p = i$ なので,認識体系の定義の条件1から,$i_p = i \in \Sigma_i$ である.$N^{i_p} = N$ なので $i_{p-1} \in N^{i_p} \backslash \{i_p\}$ であり,認識体系の定義の条件2を使って,$i_{p-1} i_p \in \Sigma_i$ がいえる.同様に,$N^{i_{p-1} i_p} = N$ なので $i_{p-2} \in N^{i_{p-1} i_p} \backslash \{i_{p-1}\}$ となり,条件2を使って,$i_{p-2} i_{p-1} i_p \in \Sigma_i$ がいえる.同様な手続きを繰り返せば $\sigma = i_1 i_2 \cdots i_p \in \Sigma_i$ となることがわかる. ∎

任意の $i \in N$ に対して,主体 i の N についての認識体系 $(\mathbf{N}_i, \Sigma_i)$ は,主体 i が持っている「状況に巻き込まれている主体全体の集合」についての認識を表すのであった.特に,

> 主体 i が「状況に巻き込まれている主体全体の集合は N であり,それはすべての主体の間で共有知識である」と信じている

という場合であれば,$\Sigma_i = \Sigma_i^*$ であり,$\mathbf{N}_i = (N^\sigma)_{\sigma \in \Sigma_i}$,かつ,任意の $\sigma \in \Sigma_i$ に対して,$N^\sigma = N$ であるような認識体系 $(\mathbf{N}_i, \Sigma_i)$ で表現される.また,

> 主体 i が「状況に巻き込まれているのは自分だけである」と信じている

場合であれば,$\Sigma_i = \{i\}$ であり,$\mathbf{N}_i = (N^\sigma)_{\sigma \in \Sigma_i} = (N^i)$,かつ,$N^i = \{i\}$ であるような $(\mathbf{N}_i, \Sigma_i)$ で表現される.これら2つの極端な場合の間に,主体のさまざまな認識の状態が存在するのである.

ところで上のように,認識体系の概念を用いると,

8.3. 認識体系の性質　　　　　　　　　　　　　　　　157

　　主体 i が「N がすべての主体の間で共有知識である」ということを
　　信じている

ということを表現できる．このことを「N は主体 i にとって内部共有知識である」ということにする．

定義 8.11 (N が主体 i の内部共有知識)　任意の $i \in N$ に対して，$(\mathbf{N}_i, \Sigma_i)$ を考える．N が主体 i にとって内部共有知識であるとは，$\Sigma_i = \Sigma_i^*$ であることをいう．　　　　　　　　　　　　　　　　　　　　　　　　　　　　　　　　□

この定義も，

　　任意の $i \in N$ に対して，$(\mathbf{N}_i, \Sigma_i)$ を考える．N が主体 i にとって内
　　部共有知識であるとは，任意の $\sigma \in \Sigma_i$ に対して $N^\sigma = N$ である．

といいかえることができる．

命題 8.8 (内部共有知識の定義の同値性)　任意の $i \in N$ に対して，$(\mathbf{N}_i, \Sigma_i)$ を考える．このとき，$\Sigma_i = \Sigma_i^*$ であることと，任意の $\sigma \in \Sigma_i$ に対して $N^\sigma = N$ であることは同値である．　　　　　　　　　　　　　　　　　　　　　　　　　　□

(証明) $i \in N$ を固定して考えれば，共有知識の定義の同値性の証明とまったく同様である．まず，任意の $i \in N$ を固定する．

$\Sigma_i = \Sigma_i^*$ であるとし，任意の $\sigma \in \Sigma_i$ に対して $N^\sigma = N$ であることをいいたい．任意の $\sigma \in \Sigma_i$ に対して，$N^\sigma \subset N$ であることはよい．逆に $N \subset N^\sigma$ であることをいいたい．$\Sigma_i = \Sigma_i^*$ なので，任意の $j \in N$ に対して，$j\sigma \in \Sigma_i$ である．認識体系の定義の条件 4 より $j \in N^\sigma$ となる．したがって，$\sigma \in \Sigma_i$ に対して $N^\sigma = N$ であることがわかった．

任意の $\sigma \in \Sigma_i$ に対して $N^\sigma = N$ であるとし，$\Sigma_i = \Sigma_i^*$ であることを示したい．$\Sigma_i \subset \Sigma_i^*$ であることはよいので，逆に $\Sigma_i^* \subset \Sigma_i$ であることを示したい．任意の $\sigma = i_1 i_2 \cdots i_p \in \Sigma_i^*$ を考える．$i_p = i$ なので，認識体系の定義の条件 1 から，$i_p = i \in \Sigma_i$ である．$N^{i_p} = N$ なので $i_{p-1} \in N^{i_p} \setminus \{i_p\}$ であり，認識体系の定義の条件 2 を使って，$i_{p-1} i_p \in \Sigma_i$ がいえる．同様に，$N^{i_{p-1} i_p} = N$ なので

$i_{p-2} \in N^{i_{p-1}i_p} \setminus \{i_{p-1}\}$ となり,条件 2 を使って,$i_{p-2}i_{p-1}i_p \in \Sigma_i$ がいえる.同様な手続きを繰り返せば $\sigma = i_1 i_2 \cdots i_p \in \Sigma_i$ となることがわかる. ∎

任意の $i \in N$ に対して,主体 i だけでなく,列 $\sigma \in \Sigma_i$ に関する内部共有知識の概念も定義できる.

定義 8.12 (N が列 σ にとって内部共有知識) 任意の $i \in N$ に対して $(\mathbf{N}_i, \Sigma_i)$ を考える.任意の $\sigma \in \Sigma_i$ に対して,N が列 σ にとって内部共有知識であるとは,$\Sigma_\sigma = \Sigma_\sigma^*$ である(あるいは,任意の $\tau \in \Sigma_\sigma$ に対して $N^\tau = N$ である)ことをいう.ただし,Σ_σ^* は Σ_i^* の σ による制限である. □

命題 8.9 (σ にとっての内部共有知識の定義の同値性) 任意の $i \in N$ に対して,$(\mathbf{N}_i, \Sigma_i)$ を考える.このとき,$\Sigma_\sigma = \Sigma_\sigma^*$ であることと,任意の $\tau \in \Sigma_\sigma$ に対して $N^\tau = N$ であることは同値である. □

(証明) 任意の $i \in N$,任意の $\sigma \in \Sigma_i$ を固定する.

$\Sigma_\sigma = \Sigma_\sigma^*$ であるとし,任意の $\tau \in \Sigma_\sigma$ に対して $N^\tau = N$ であることをいいたい.任意の $\tau \in \Sigma_\sigma$ に対して,$N^\tau \subset N$ であることはよい.逆に $N \subset N^\tau$ であることをいいたい.$\Sigma_\sigma = \Sigma_\sigma^*$ なので,任意の $j \in N$ に対して,$j\tau \in \Sigma_\sigma$ である.したがって,$j \in N^\tau$ となる.よって,$\tau \in \Sigma_\sigma$ に対して $N^\tau = N$ であることがわかった.

任意の $\tau \in \Sigma_\sigma$ に対して $N^\tau = N$ であるとし,$\Sigma_\sigma = \Sigma_\sigma^*$ であることを示したい.$\Sigma_\sigma \subset \Sigma_\sigma^*$ であることはよいので,逆に $\Sigma_\sigma^* \subset \Sigma_\sigma$ であることを示したい.任意の $\tau = j_1 j_2 \cdots j_q \in \Sigma_\sigma^*$ を考える.$j_{q-p+1} j_{q-p+2} \cdots j_q = \sigma$ なので,$j_{q-p+1} j_{q-p+2} \cdots j_q = \sigma \in \Sigma_\sigma$ である.$N^{j_{q-p+1}j_{q-p+2}\cdots j_q} = N$ なので $j_{q-p} \in N^{j_{q-p+1}j_{q-p+2}\cdots j_q} \setminus \{j_{q-p+1}\}$ であり,$j_{q-p} j_{q-p+1} j_{q-p+2} \cdots j_q \in \Sigma_\sigma$ がいえる.同様に,$N^{j_{q-p}j_{q-p+1}j_{q-p+2}\cdots j_q} = N$ なので $j_{q-p-1} \in N^{j_{q-p}j_{q-p+1}j_{q-p+2}\cdots j_q} \setminus \{j_{q-p}\}$ となり,$j_{q-p-1} j_{q-p} j_{q-p+1} j_{q-p+2} \cdots j_q \in \Sigma_\sigma$ がいえる.同様な手続きを繰り返せば $\tau = j_1 j_2 \cdots j_q \in \Sigma_\sigma$ となることがわかる. ∎

共有知識と内部共有知識の間には次のような関係がある.

8.3. 認識体系の性質

命題 8.10 (共有知識なら内部共有知識) $(\mathbf{N}, \Sigma) = (\mathbf{N}_i, \Sigma_i)_{i \in N}$ を考える. N がすべての主体の間で共有知識であるならば, 任意の $i \in N$, 任意の $\sigma \in \Sigma_i$ に対して, N は列 σ にとって内部共有知識である. 特に $\sigma = i$ のときが, N は主体 i にとって内部共有知識であることに対応する. □

(証明) N がすべての主体の間で共有知識であるとする. このとき, 任意の $i \in N$ に対して $\Sigma_i = \Sigma_i^*$ である. したがって, 任意の $\sigma \in \Sigma_i$ に対して, Σ_i の σ による制限 Σ_σ と, Σ_i^* の σ による制限 Σ_σ^* は等しい. したがって, N が列 σ にとって内部共有知識である. ■

より一般に, 任意の $i \in N$, 任意の $\sigma \in \Sigma_i$ に対して, N が列 σ にとって内部共有知識であれば, 任意の $\tau \in \Sigma_\sigma$ に対して, N は τ にとって内部共有知識であることがいえる.

命題 8.11 (σ で内部共有知識なら τ で内部共有知識) 任意の $i \in N$ に対して $(\mathbf{N}_i, \Sigma_i)$ を考え, 任意の $\sigma \in \Sigma_i$ をとる. N が列 σ にとって内部共有知識であるならば, 任意の $\tau \in \Sigma_\sigma$ に対して, N は列 τ にとって内部共有知識である. □

(証明) N が列 σ にとって内部共有知識であるとする. このとき, $\Sigma_\sigma = \Sigma_\sigma^*$ である. したがって, 任意の $\tau \in \Sigma_\sigma$ に対して, Σ_i の τ による制限 Σ_τ と, Σ_i^* の τ による制限 Σ_τ^* は等しい. したがって, N は列 τ にとって内部共有知識である. ■

主体 i の N の認識体系 $(\mathbf{N}_i, \Sigma_i)$ を用いることで, 各主体が持っている, 意思決定状況の他の要素, すなわち, 起こり得る結果の集合 S や 主体の選好 R についての認識の体系も表現できる. 例えば, 起こりうる結果の集合 S についての主体 i の認識の体系は $\mathbf{S}_i = (S^\sigma)_{\sigma \in \Sigma_i}$ で表現できる. ただし, 任意の $\sigma \in \Sigma_i$ に対して, $S^\sigma = \prod_{j \in N^\sigma} S_j^\sigma$ である. また, 任意の $\sigma \in \Sigma_i$, 任意の $j \in N^\sigma$, 任意の $k \in N^{j\sigma}$ に対して, $S_k^{j\sigma} \subset S_k^\sigma$ が成り立っているとする. この最後の条件は, 前章の最後で議論された, 「各主体の戦略の集合 S についての誤認識の扱いの不適切さ」を改善するためのものである.

N の場合と同じように，$S(=\prod_{i\in N} S_i)$ がすべての主体の間で共有知識であることや，S が主体 i にとって内部共有知識であることが表現できる．

定義 8.13 (S が共有知識) $(\mathbf{N},\Sigma) = (\mathbf{N}_i, \Sigma_i)_{i\in N}$ を考え，さらに $\mathbf{S} = (\mathbf{S}_i)_{i\in N}$ を考える．S がすべての主体の間で共有知識であるとは，任意の $i\in N$，任意の $\sigma \in \Sigma_i$ に対して $S^\sigma = S$ であることをいう． □

S が共有知識であることと，N が共有知識であることの間には以下の関係がある．

命題 8.12 (S が共有知識なら N が共有知識) S がすべての主体の間で共有知識なら，N がすべての主体の間で共有知識である． □

(証明) S がすべての主体の間で共有知識であるとすると，任意の $i \in N$，任意の $\sigma \in \Sigma_i$ に対して $S^\sigma = S$ である．ここで，$S^\sigma = \prod_{j\in N^\sigma} S_j^\sigma$ であり，$S = \prod_{j\in N} S_j$，かつ，任意の $\sigma \in \Sigma_i$，任意の $j \in N^\sigma$，任意の $k \in N^{j\sigma}$ に対して，$S_k^{j\sigma} \subset S_k^\sigma$ であるので，必然的に，任意の $\sigma \in \Sigma_i$ に対して $N^\sigma = N$，かつ，任意の $j \in N^\sigma = N$ に対して，$S_j^\sigma = S_j$ である．特に，N はすべての主体の間で共有知識になることがわかる． ■

定義 8.14 (S が主体 i の内部共有知識) 任意の $i \in N$ に対して，$(\mathbf{N}_i, \Sigma_i)$ を考え，さらに $\mathbf{S}_i$ を考える．S が主体 i にとって内部共有知識であるとは，任意の $\sigma \in \Sigma_i$ に対して $S^\sigma = S$ であることをいう． □

共有知識の場合と同様に，内部共有知識の場合にも以下が成り立つ．

命題 8.13 (S が内部共有知識なら N が内部共有知識) 任意の $i \in N$ を考える．S が主体 i にとって内部共有知識なら，N は主体 i にとって内部共有知識である． □

(証明) 任意に $i \in N$ を固定する．S が主体 i にとって内部共有知識であるとすると，任意の $\sigma \in \Sigma_i$ に対して $S^\sigma = S$ である．ここで，$S^\sigma = \prod_{j\in N^\sigma} S_j^\sigma$ であり，$S = \prod_{j\in N} S_j$ であるので，必然的に，任意の $\sigma \in \Sigma_i$ に対して $N^\sigma = N$

かつ任意の $j \in N^\sigma = N$ に対して, $S_j^\sigma = S_j$ である. 特に, N は主体 i にとって内部共有知識になることがわかる. ∎

任意の $i \in N$ に対して, 主体 i だけでなく, 列 $\sigma \in \Sigma_i$ に関する内部共有知識の概念も定義できる.

定義 8.15 (S が列 σ の内部共有知識) 任意の $i \in N$ に対して, $(\mathbf{N}_i, \Sigma_i)$ を考え, さらに $\mathbf{S}_i$ を考える. 任意の $\sigma \in \Sigma_i$ に対して, S が列 σ にとって内部共有知識であるとは, 任意の $\tau \in \Sigma_\sigma$ に対して $S^\tau = S$ であることをいう. □

N における共有知識の場合や N における内部共有知識の場合と同様に, 以下の命題が成り立つ.

命題 8.14 (S が共有知識なら内部共有知識) $(\mathbf{N}, \Sigma) = (\mathbf{N}_i, \Sigma_i)_{i \in N}$ を考え, さらに $\mathbf{S} = (\mathbf{S}_i)_{i \in N}$ を考える. S がすべての主体の間で共有知識であるならば, 任意の $i \in N$, 任意の $\sigma \in \Sigma_i$ に対して, S は列 σ にとって内部共有知識である. 特に $\sigma = i$ のときが, S は主体 i にとって内部共有知識であることに対応する. □

(証明) S がすべての主体の間で共有知識であるとすると, 任意の $i \in N$, 任意の $\sigma \in \Sigma_i$ に対して $S^\sigma = S$ である. したがって, 特に, 任意の $\tau \in \Sigma_\sigma \subset \Sigma_i$ に対して $S^\tau = S$ である. よって, 任意の $i \in N$, 任意の $\sigma \in \Sigma_i$ に対して, S は列 σ にとって内部共有知識である. ∎

命題 8.15 (S が σ で内部共有知識なら τ で内部共有知識) 任意の $i \in N$ に対して $(\mathbf{N}_i, \Sigma_i)$ を考え, 任意の $\sigma \in \Sigma_i$ をとる. S が列 σ にとって内部共有知識であるならば, 任意の $\tau \in \Sigma_\sigma$ に対して, S は列 τ にとって内部共有知識である. □

(証明) S が列 σ にとって内部共有知識であるならば, 任意の $\sigma' \in \Sigma_\sigma$ に対して $S^{\sigma'} = S$ である. したがって, 特に, 任意の $\tau \in \Sigma_\sigma$ に対して, 任意の

$\sigma' \in \Sigma_\tau \subset \Sigma_\sigma$ に対して $S^{\sigma'} = S$ である. よって, 任意の $\tau \in \Sigma_\sigma$ に対して, S は列 τ にとって内部共有知識である. ∎

8.3.2 認識体系の合成と共通部分

ある主体の認識体系を複数考えると, それらの「合成」や「共通部分」を考えることができる. ここでは合成や共通部分が再び認識体系になることを示す.

まず認識体系の合成の定義を見よう.

定義 8.16 (認識体系の合成) 任意の $i \in N$ に対して, 主体 i の N の認識体系のクラス $(\mathbf{N}_i^\mu, \Sigma_i^\mu)_{\mu \in I}$ を考える. ただし $\mathbf{N}_i^\mu = ((N^\mu)^\sigma)_{\sigma \in \Sigma_i^\mu}$ とする. $(\mathbf{N}_i^\mu, \Sigma_i^\mu)_{\mu \in I}$ の合成 $\cup_{\mu \in I}(\mathbf{N}_i^\mu, \Sigma_i^\mu)$ とは, 組 $(\hat{\mathbf{N}}_i, \hat{\Sigma}_i)$ であり, $\hat{\Sigma}_i = \cup_{\mu \in I}\Sigma_i^\mu$ かつ $\hat{\mathbf{N}}_i = (\hat{N}^\sigma)_{\sigma \in \hat{\Sigma}_i}$ かつ $\hat{N}^\sigma = \cup_{\mu \in I_\sigma}(N^\mu)^\sigma$ を満たすものとする. ただし $I_\sigma = \{\mu \in I \mid \sigma \in \Sigma_i^\mu\}$ である. ∎

次の定理によって, 認識体系の合成が再び認識体系になることがわかる.

定理 8.1 (認識体系の合成は認識体系) 任意の $i \in N$ に対して, 主体 i の N の認識体系のクラス $(\mathbf{N}_i^\mu, \Sigma_i^\mu)_{\mu \in I}$ の合成 $(\hat{\mathbf{N}}_i, \hat{\Sigma}_i) = \cup_{\mu \in I}(\mathbf{N}_i^\mu, \Sigma_i^\mu)$ は, 主体 i の N の認識体系である. ∎

(証明) 認識体系が満たすべき条件がすべて満たされることを順に確認していく.

1. $\hat{\Sigma}_i = \cup_{\mu \in I}\Sigma_i^\mu$ であり, 任意の $\mu \in I$ に対して, Σ_i^μ は Σ_i^* の部分集合なので, $\hat{\Sigma}_i$ は Σ_i^* の部分集合である.

2. $\hat{\Sigma}_i = \cup_{\mu \in I}\Sigma_i^\mu$ であり, 任意の $\mu \in I$ に対して, 列 i は Σ_i^μ の要素であるから, 列 i は $\hat{\Sigma}_i$ の要素である.

3. 任意の $\sigma = i_1 i_2 \cdots i_p \in \hat{\Sigma}_i$, 任意の $\mu \in I_\sigma$ に対して, i_1 は $(N^\mu)^\sigma$ の要素である. したがって, i_1 は $\hat{N}^\sigma = \cup_{\mu \in I_\sigma}(N^\mu)^\sigma$ の要素である.

8.3. 認識体系の性質

4. もし $\sigma = i_1 i_2 \cdots i_p \in \hat{\Sigma}_i$, かつ $j \in \hat{N}^\sigma \setminus \{i_1\}$ であれば, $j \in (N^\mu)^\sigma \setminus \{i_1\}$ となる $\mu \in I_\sigma$ が存在し, したがって, ある $\mu \in I_\sigma$ に対して $j\sigma \in \Sigma_i^\mu$ である. つまり $j\sigma$ は $\hat{\Sigma}_i = \cup_{\mu \in I} \Sigma_i^\mu$ の要素である. さらに, $I_{j\sigma}$ は I_σ に包含され, また任意の $\mu' \in I_{j\sigma}$ に対して $(N^{\mu'})^{j\sigma}$ は $(N^{\mu'})^\sigma$ に包含されるので, $\hat{N}^{j\sigma} = \cup_{\mu' \in I_{j\sigma}} (N^{\mu'})^{j\sigma}$ は $\hat{N}^\sigma = \cup_{\mu \in I_\sigma} (N^\mu)^\sigma$ に包含されることがわかる.

5. 任意の $\sigma = i_1 i_2 \cdots i_p \in \hat{\Sigma}_i$ (ただし $q = 2, 3, \ldots$), 任意の $\mu \in I_\sigma$ に対して, $\tau = i_2 i_3 \cdots i_q$ は Σ_i^μ の要素であり, i_1 は $(N^\mu)^\tau$ に属する. したがって, τ は $\hat{\Sigma}_i = \cup_{\mu \in I} \Sigma_i^\mu$ の要素であり, i_1 は $\hat{N}^\tau = \cup_{\mu \in I_\tau} (N^\mu)^\tau$ に属する.

∎

合成と同様, 認識体系の共通部分も定義できる.

定義 8.17 (認識体系の共通部分) 任意の $i \in N$ に対して, 主体 i の N の認識体系のクラス $(\mathbf{N}_i^\mu, \Sigma_i^\mu)_{\mu \in I}$ を考える. ただし $\mathbf{N}_i^\mu = ((N^\mu)^\sigma)_{\sigma \in \Sigma_i^\mu}$ とする. $(\mathbf{N}_i^\mu, \Sigma_i^\mu)_{\mu \in I}$ の共通部分 $\cap_{\mu \in I}(\mathbf{N}_i^\mu, \Sigma_i^\mu)$ とは, 組 $(\hat{\mathbf{N}}_i, \hat{\Sigma}_i)$ であり, $\hat{\Sigma}_i = \cap_{\mu \in I} \Sigma_i^\mu$ かつ $\hat{\mathbf{N}}_i = (\hat{N}^\sigma)_{\sigma \in \hat{\Sigma}_i}$ かつ任意の $\sigma \in \hat{\Sigma}_i$ に対して $\hat{N}^\sigma = \cap_{\mu \in I}(N^\mu)^\sigma$ を満たすものとする. □

認識体系の共通部分もまた認識体系になる.

定理 8.2 (認識体系の共通部分は認識体系) 任意の $i \in N$ に対して, 主体 i の N の認識体系のクラス $(\mathbf{N}_i^\mu, \Sigma_i^\mu)_{\mu \in I}$ の共通部分 $\cap_{\mu \in I}(\mathbf{N}_i^\mu, \Sigma_i^\mu)$ は, 主体 i の N の認識体系である. □

(証明) 合成の場合の証明と同じく, 認識体系が満たすべき条件がすべて満たされることを順に確認していこう.

1. $\hat{\Sigma}_i = \cap_{\mu \in I} \Sigma_i^\mu$ であり, 任意の $\mu \in I$ に対して, Σ_i^μ は Σ_i^* の部分集合なので, $\hat{\Sigma}_i$ は Σ_i^* の部分集合である.

2. $\hat{\Sigma}_i = \cap_{\mu \in I} \Sigma_i^\mu$ であり, かつ, 任意の $\mu \in I$ に対して列 i は Σ_i^μ の要素なので, 列 i は $\hat{\Sigma}_i$ の要素である.

3. 任意の $\sigma = i_1 i_2 \cdots i_p \in \hat{\Sigma}_i$, 任意の $\mu \in I$ に対して, i_1 は $(N^\mu)^\sigma$ の要素である. したがって, i_1 は $\hat{N}^\sigma = \cap_{\mu \in I}(N^\mu)^\sigma$ の要素である.

4. もし $\sigma = i_1 i_2 \cdots i_p \in \hat{\Sigma}_i$ であり, かつ, $j \in \hat{N}^\sigma \setminus \{i_1\}$ であれば, 任意の $\mu \in I$ に対して $j \in (N^\mu)^\sigma \setminus \{i_1\}$ であり, したがって, 任意の $\mu \in I$ に対して $j\sigma \in \Sigma_i^\mu$ である. だから, $j\sigma$ は $\hat{\Sigma}_i = \cap_{\mu \in I}\Sigma_i^\mu$ の要素である. さらに, 任意の $\mu \in I$ に対して, $(N^\mu)^{j\sigma}$ は $(N^\mu)^\sigma$ に包含されるので, $\hat{N}^{j\sigma} = \cap_{\mu \in I}(N^\mu)^{j\sigma}$ は $\hat{N}^\sigma = \cap_{\mu \in I}(N^\mu)^\sigma$ に包含される.

5. 任意の $\sigma = i_1 i_2 \cdots i_p \in \hat{\Sigma}_i$ (ただし $q = 2, 3, \ldots$), 任意の $\mu \in I$ に対して, $\tau = i_2 i_3 \cdots i_q$ は Σ_i^μ の要素であり, i_1 は $(N^\mu)^\tau$ の要素である. したがって, τ は $\hat{\Sigma}_i = \cap_{\mu \in I}\Sigma_i^\mu$ の要素であり, i_1 は $\hat{N}^\tau = \cap_{\mu \in I}(N^\mu)^\tau$ に属する. ∎

この章で扱ったのは, 相互認識の考え方を具体化する認識体系という概念の定義と基本的な性質である. ここで確認した事柄を用いて, 第9章では, 相互認識を伴う意思決定状況を数理的に厳密に定義し, 分析していく.

第9章　相互認識と競争

　前章では相互認識についての数理的な枠組が構築された．認識体系の定義から始まり，認識体系を認識と視界へ，また視界を認識体系へと分解することが論じられた．そして，認識体系の性質として，認識体系の合成や共通部分という概念の定義が与えられた．

　ここでは前の章での議論を踏まえ，まず，複数の意思決定状況を合成するという考え方を紹介する．この考え方は，各主体が，たった1つの意思決定状況に巻き込まれているのではなく，互いに相互作用している複数の意思決定状況に同時に巻き込まれていると考える方が適切な場合に利用可能である．次に，主体の認識と主体の間の情報交換の間の関係を考慮して，相互認識を伴う意思決定状況を分析するための枠組を拡張する．まず，情報交換によって導かれる主体の認識の変化を扱うための枠組を追加する．ここでも認識体系の概念が適用されることになる．その後，さまざまなタイプの情報交換を統一的に扱うための「情報コンベア」という概念を提案し，適切な意思決定のためにはどのようなタイプの情報交換が望ましいのかを論じる．また，主体による戦略的な情報操作を取り上げ，情報操作が起こらないような意思決定状況とはどのようなものかを探る．最後に，相互認識を伴う意思決定状況を分析するための概念として「相互認識的均衡」と呼ばれる均衡概念を紹介する．いくつかの命題によって，相互認識的均衡とナッシュ均衡とが関係を持つことが明らかになる．

9.1 意思決定状況についての認識体系とその合成

認識体系の概念は,意思決定状況を表現するための要素,すなわち,主体が持っている戦略の集合や主体の選好についての認識を表現する際にも利用できる.さらに,複数の意思決定状況の間の相互作用を表現する「戦略間関係」の概念を使って,意思決定状況についての認識体系を合成する場合にも利用可能である.

9.1.1 意思決定状況についての認識体系

意思決定状況は,主体,戦略,選好を記述することで特定された.各主体 $i \in N$ が持っている,主体の集合 N についての認識体系 $(\mathbf{N}_i, \Sigma_i)$ を用いると,意思決定状況についての主体の認識体系を表現できる.

定義 9.1 (意思決定状況についての認識体系) 主体全体の集合 N と,任意の $i \in N$ に対する主体 i の N の認識体系 $(\mathbf{N}_i, \Sigma_i)$ が与えられているとする.戦略の集合 $S = (S_i)_{i \in N}$ や選好 $R = (R_i)_{i \in N}$ についての主体 i の認識体系はそれぞれ $\mathbf{S}_i = (S^\sigma)_{\sigma \in \Sigma_i}$, $\mathbf{R}_i = (R^\sigma)_{\sigma \in \Sigma_i}$ で表現される.ただし,$S^\sigma = \prod_{j \in N^\sigma} S_j^\sigma$, $R^\sigma = (R_j^\sigma)_{j \in N^\sigma}$ である.これらを組にしたもの,つまり,$((\mathbf{N}_i, \Sigma_i), \mathbf{S}_i, \mathbf{R}_i)$ が,主体 i の意思決定状況についての認識体系であり,さらに,組 $(N, ((\mathbf{N}_i, \Sigma_i), \mathbf{S}_i, \mathbf{R}_i)_{i \in N})$ を意思決定状況についての認識体系と呼ぶ. □

主体 i は,自分が巻き込まれている意思決定状況を $((\mathbf{N}_i, \Sigma_i), \mathbf{S}_i, \mathbf{R}_i)$ というように認識している.これは,主体の集合 N についての認識体系 $(\mathbf{N}_i, \Sigma_i)$, 戦略の集合 S についての認識体系 $\mathbf{S}_i = (S^\sigma)_{\sigma \in \Sigma_i}$, そして,選好についての認識体系 $\mathbf{R}_i = (R^\sigma)_{\sigma \in \Sigma_i}$ の組である.各要素が,通常の標準形ゲームによる意思決定状況の表現と対応していることが理解できよう.

9.1.2 戦略間関係

意思決定主体は,しばしば,たった1つの意思決定状況に巻き込まれているのではなく,互いに相互作用している複数の意思決定状況に同時に巻き込まれて

9.1. 意思決定状況についての認識体系とその合成

いると考える方が適切な場合がある.第7章の第7.1.1節で見た,3つの企業の商品開発に対する設備投資に関する意思決定はその例で,企業 A は,企業 B との競合に関する意思決定状況と,企業 C との競合に関する意思決定状況という2つの意思決定状況に同時に巻き込まれていると考えられる.さらに,「企業 A は両方の商品に同時に投資することはできない」という制約があるとすると,これら2つの状況は互いに相互作用していると考えられる.

ここでは,互いに相互作用している複数の意思決定状況を1つの意思決定状況として表現するときに利用できる考え方を紹介する.状況の間の相互作用として,ここでは特に,主体が持っている戦略の間の相互作用だけを考える.この相互作用の表現に用いられるのが「戦略間関係」と呼ばれる概念である.

I を複数の意思決定状況に対する添え字の集合とし,意思決定状況のクラス $\mathbf{g} = (\mathbf{g}^\mu)_{\mu \in I}$ を考える.ただし,任意の $\mu \in I$ に対して,$\mathbf{g}^\mu = (N^\mu, S^\mu, R^\mu)$ は意思決定状況であり,意思決定状況 μ と呼ばれる.ここでの意思決定状況は通常の標準形ゲームになっているものとする.任意の $i \in \cup_{\mu \in I} N^\mu$ に対して,I_i を主体 i が巻き込まれている意思決定状況の添え字を集めたものとする.つまり,$I_i = \{\mu \in I \mid i \in N^\mu\}$ である.

複数の意思決定状況 $\mathbf{g} = (\mathbf{g}^\mu)_{\mu \in I}$ を合成して1つの意思決定状況で表すことを考える.意思決定状況の間にはさまざまな相互作用が考えられる.しかしここでは,主体が持っている戦略の間の相互作用のみを扱う.その戦略間の相互作用は「戦略間関係」であらかじめ与えられているものとする.

戦略間関係を定義するためには「整合的」という概念が必要である.

定義 9.2 (戦略の組が整合的) 戦略の組 $(s_i^\mu)_{\mu \in I_i} \in \prod_{\mu \in I_i} S_i^\mu$ が整合的であるとは,任意の $\mu \in I_i$ に対して,もし,$s_i^\mu \in S_i^{\mu'}$ であるような $\mu' \in I_i$ が存在するなら,$s_i^{\mu'} = s_i^\mu$ である場合である. □

主体が複数の状況に対して同時に戦略の選択を行うときに,ある戦略が複数の状況にまたがって存在する場合を考える.いずれかの状況でその戦略を選択すると,その戦略が存在する他の状況においてもその戦略を選択せざるを得ない.戦略の組が整合的であるとは,このように,複数の状況にまたがって存在する戦略は選択される場合には一斉に選択されるということを表している.整合

的という概念を使うと戦略間関係は次のように定義される．

定義 9.3 (戦略間関係) 意思決定状況のクラス $\mathbf{g}$ における主体 i の戦略間関係 $\theta_i(\mathbf{g})$ は $\prod_{\mu \in I_i} S_i^\mu$ の部分集合のうち以下を満たすものである．

1. 任意の $(s_i^\mu)_{\mu \in I_i} \in \theta_i(\mathbf{g})$ は整合的である．

2. 任意の $\mu \in I_i$, 任意の $s_i \in S_i^\mu$ に対して，整合的な $(s_i^\mu)_{\mu \in I_i}$ で $s_i^\mu = s_i$ であるようなものが $\prod_{\mu \in I_i} S_i^\mu$ の中に存在するときには，$\theta_i(\mathbf{g})$ の中にも ${s'}_i^\mu = s_i$ であるような $({s'}_i^\mu)_{\mu \in I_i}$ が存在する．

□

$\mathbf{g}$ における主体 i の戦略間関係 $\theta_i(\mathbf{g})$ は，混乱が起こらない限り θ_i と書く．さらに，各主体の $\mathbf{g}$ における戦略間関係を集めたもの $(\theta_i(\mathbf{g}))_{i \in \cup_{\mu \in I} N^\mu}$ を θ と書き，全体戦略間関係と呼ぶ．

戦略間関係の定義の中の最初の条件は，主体が選択する戦略の組は必ず整合的でなくてはならないということを示している．2番目の条件は，どんな戦略であっても，その戦略を成分として持つ整合的な戦略の組が戦略間関係の中に存在するということを表している．この条件により，選択が不可能な戦略は存在しないということが保証されることになる．

9.1.3 意思決定状況の合成

意思決定状況の合成は以下で定義する．意思決定状況のクラス $\mathbf{g} = (\mathbf{g}^\mu)_{\mu \in I}$ と $\mathbf{g}$ における全体戦略間関係 θ が与えられているとする．ただし，$\mathbf{g}^\mu = (N^\mu, S^\mu, R^\mu)$ であるとする．

定義 9.4 (意思決定状況の合成) $\mathbf{g}$ の θ に関する合成とは，意思決定状況 $\mathbf{G} = \sum_{\mu \in I} \mathbf{g}^\mu$ である．ただし，$\mathbf{G} = (\hat{N}, \hat{S}, \hat{P})$ とすると，

- $\hat{N} = \cup_{\mu \in I} N^\mu$,

- $\hat{S} = \prod_{i \in \hat{N}} \hat{S}_i$ で，任意の $i \in \hat{N}$ に対して $\hat{S}_i = \theta_i$,

- $\hat{P} = (\hat{P}_i)_{i \in \hat{N}}$ で,任意の $i \in \hat{N}$ に対して $\hat{P}_i$ は,任意の $\hat{s} \in \hat{S}$ に対して $\hat{P}_i(\hat{s}) = \sum_{\mu \in I_i} P_i^\mu((s_j^\mu)_{j \in N^\mu})$ と定義されるもの,

である. □

意思決定状況の合成の例を1つ挙げよう. 第 7.1.1 節で見た,3つの企業の商品開発に対する設備投資に関する意思決定状況のもととなっている状況である.

例 9.1 (意思決定状況の合成) 2つの商品の製造を行っている企業 A は,商品に対応して2つの意思決定状況に巻き込まれている. 商品 α は企業 B との競合していて,これについての状況は表 9.1 で表される. これを $\mathbf{g}^\alpha$ と書くことにする. 同じように,企業 C と競合している商品 β についての状況は表 9.2 で表され,これは $\mathbf{g}^\beta$ と書かれる.

表 9.1: 商品 α についての状況: $\mathbf{g}^\alpha$

主体		企業 B	
	戦略	投資する (I)	投資しない (N)
企業 A	投資する (I)	15, 15	35, 0
	投資しない (N)	0, 35	10, 10

表 9.2: 商品 β についての状況: $\mathbf{g}^\beta$

主体		企業 C	
	戦略	投資する (I)	投資しない (N)
企業 A	投資する (I)	20, 5	25, 0
	投資しない (N)	0, 0	5, 5

企業 A は,予算の問題から,どちらか1つの状況にしか「投資」できないとする. このとき,各企業の $\mathbf{g}^\alpha$, $\mathbf{g}^\beta$ における戦略間関係は次のようになる.

$$\theta_A = \{(I,N),(N,I),(N,N)\}, \quad \theta_B = \{I,N\}, \quad \theta_C = \{I,N\}$$

さて，各企業が自分の戦略間関係の要素を1つ選べば各状況での結果が定まる．例えば，企業 A, B, C がそれぞれ，$(I, N), I, N$ を選んだとすると，$\mathbf{g}^\alpha$ と $\mathbf{g}^\beta$ の結果はそれぞれ (I, I) と (N, N) となる．このとき各主体の利得も定まる．企業 A を考えると，状況 $\mathbf{g}^\alpha$ から利得15，状況 $\mathbf{g}^\beta$ から利得5を得るので，企業 A の利得の合計は20である．企業 B は状況 $\mathbf{g}^\alpha$ から利得15を得て，企業 C は $\mathbf{g}^\beta$ から利得5を得る．このようにすると，θ における $(\mathbf{g}^\alpha, \mathbf{g}^\beta)$ の合成は表9.3のように表されることがわかる． □

表9.3: G_α と G_β の合成

		企業 $C : I$				企業 $C : N$	
		企業 B				企業 B	
		I	N			I	N
企	(I, N)	15, 15, 0	35, 0, 0	企	(I, N)	20, 15, 5	40, 0, 5
業	(N, I)	20, 35, 5	30, 10, 5	業	(N, I)	25, 35, 0	35, 10, 0
A	(N, N)	0, 35, 0	10, 10, 0	A	(N, N)	5, 35, 5	15, 10, 5

意思決定状況のクラス $\mathbf{g} = (\mathbf{g}^\mu)_{\mu \in I}$ を考え，$I' \subset I$ とすると，サブ・クラス $\mathbf{g}_{I'} = (\mathbf{g}^\mu)_{\mu \in I'}$ を考えることができる．クラス $\mathbf{g}$ の任意のサブ・クラス $\mathbf{g}_{I'}$ に対して，$\mathbf{g}_{I'}$ における任意の主体 $i \in \cup_{\mu \in I'} N^\mu$ の戦略間関係 $\theta_i(\mathbf{g}_{I'})$ が与えられていれば，$\mathbf{g}$ の任意のサブ・クラス $\mathbf{g}_{I'}$ の合成を定義することができる．この考えをもとにして，まず，意思決定状況のあるクラスから生成される意思決定状況の認識体系を考えることができ，さらに，意思決定状況の認識体系の合成を定義することができる．

意思決定状況のクラスから生成される意思決定状況の認識体系は，認識の各階層が与えられたクラスのサブ・クラスの合成になっているようなものである．有限個の意思決定状況のクラス $\mathbf{g} = (\mathbf{g}^\mu)_{\mu \in I}$ と，$I' \subset I$ であるようなサブ・クラス $\mathbf{g}_{I'} = (\mathbf{g}^\mu)_{\mu \in I'}$ に対して，$\mathbf{g}_{I'}$ における任意の主体 $i \in \cup_{\mu \in I'} N^\mu$ の戦略間関係 $\theta_i(\mathbf{g}_{I'})$ が与えられているとする．

9.1. 意思決定状況についての認識体系とその合成

定義 9.5 (意思決定状況の認識体系の生成) $\mathbf{H} = (N, (\mathbf{H}_i)_{i \in N})$ を意思決定状況の認識体系とする．ただし，任意の $i \in N$ に対して，$\mathbf{H}_i = ((\mathbf{N}_i, \Sigma_i), \mathbf{S}_i, \mathbf{R}_i)$ とする．$\mathbf{H}$ が意思決定状況のクラス $\mathbf{g}$ から生成されたものであるというのは，任意の $i \in N$, 任意の $\sigma \in \Sigma_i$ に対して，I の非空の部分集合 I' が存在して，$(N^\sigma, S^\sigma, R^\sigma)$ が $\mathbf{g}_{I'} = (\mathbf{g}^\mu)_{\mu \in I'}$ の戦略間関係 $\theta_i(\mathbf{g}_{I'})$ における合成であるときをいう． □

意思決定状況の認識体系の合成を考える．有限個の意思決定状況の認識体系からなるクラス $(\mathbf{H}^\mu)_{\mu \in I}$ と，$I' \subset I$ であるような任意のサブ・クラス $\mathbf{g}_{I'}$ に対して，$\mathbf{g}_{I'}$ における任意の主体 $i \in \cup_{\mu \in I'} N^\mu$ の戦略間関係 $\theta_i(\mathbf{g}_{I'})$ が与えられているとする．ただし，任意の $\mu \in I$ に対して，$\mathbf{H}^\mu$ は $\mathbf{g}$ から生成されたものであるとし，また $\mathbf{H}^\mu = (\mathbf{H}_i^\mu)_{i \in N^\mu}$ であり，任意の $i \in N^\mu$ に対して，$\mathbf{H}_i^\mu = ((\mathbf{N}_i^\mu, \Sigma_i^\mu), \mathbf{S}_i^\mu, \mathbf{R}_i^\mu)$ とする．

任意の $i \in \hat{N} = \cup_{\mu \in I} N^\mu$ に対して，$I_i = \{\mu \in I \mid i \in N^\mu\}$ とすると，任意の $i \in \hat{N}$ に対して，$(\mathbf{N}_i^\mu, \Sigma_i^\mu)_{\mu \in I_i}$ の合成 $(\hat{\mathbf{N}}_i, \hat{\Sigma}_i)$ を考えることができる．

さらに，任意の $\sigma \in \hat{\Sigma}_i$ に対して，$I_\sigma = \{\mu \in I \mid \sigma \in N^\mu\}$ とすると，意思決定状況のクラス $((N^\mu)^\sigma, (S^\mu)^\sigma, (R^\mu)^\sigma)_{\mu \in I_\sigma}$ が与えられる．各意思決定状況 $((N^\mu)^\sigma, (S^\mu)^\sigma, (R^\mu)^\sigma)$ は，$\mathbf{g}$ のあるサブ・クラスの合成になっているはずである．さらに，$\mathbf{g}$ の任意のサブ・クラスに対してその中の主体の戦略間関係が与えられているので，各 $((N^\mu)^\sigma, (S^\mu)^\sigma, (R^\mu)^\sigma)$ を作るときに使われた $\mathbf{g}$ の要素をすべて集めたものの合成を使えば，$((N^\mu)^\sigma, (S^\mu)^\sigma, (R^\mu)^\sigma)_{\mu \in I_\sigma}$ の合成を考えることができる．こうして得られた意思決定状況を σ に対応させることで，新たに，意思決定状況の認識体系を作り出すことができる．

定義 9.6 (意思決定状況の認識体系の合成) 意思決定状況のクラス $\mathbf{g}$ から，戦略間関係 θ のもとで生成された意思決定状況の認識体系のクラス $(\mathbf{H}^\mu)_{\mu \in I}$ の合成とは $\hat{\mathbf{H}} = (\hat{\mathbf{H}}_i)_{i \in \hat{N}}$ である．ただし，任意の $i \in \hat{N}$ に対して $\hat{\mathbf{H}}_i = (\hat{\mathbf{h}}^\sigma)_{\sigma \in \hat{\Sigma}_i}$ であり，任意の $\sigma \in \hat{\Sigma}_i$ に対して $\hat{\mathbf{h}}^\sigma$ は $((N^\mu)^\sigma, (S^\mu)^\sigma, (R^\mu)^\sigma)_{\mu \in I_\sigma}$ の θ における合成である． □

9.2 相互認識と情報交換

各主体は，自分の認識が間違っている可能性を知っている．主体は，新しい情報を得ると，なんとか自分の認識を現実に近づけようとする．つまり，認識の修正を行う．ここでは，新しい情報を入手したことに伴う各意思決定主体の認識の修正を取り扱うための枠組を構築する．そしてこの枠組を，意思決定状況の認識体系に追加することで，「相互認識を伴う意思決定状況」を定義する．

9.2.1 情報コンベア

主体の間の情報交換を扱う際，最も重要で複雑なのが，主体の選好に関する情報交換である．主体の集合 N について各主体 $i \in N$ は，$(\mathbf{N}_i, \Sigma_i)$ という形で情報を持っている．ここにもし「主体 j が状況に巻き込まれている」あるいは「主体 j が状況に巻き込まれていない」という情報が伝えられた場合には，各 $\sigma \in \Sigma$ に対する N^σ に j を加えれば，「認識の更新」という面では十分である．状況に巻き込まれていない主体を「巻き込まれている」と認識したとしても，状況の記述は冗長にはなるが，その主体の戦略や選好についての認識が適切であれば，分析には大きな影響は与えないからである．特にもし，$\cap_{\sigma \in \Sigma} N^\sigma$ の中に j が属していれば，認識を変化させる必要はない．主体 j が存在することがすでに主体の間で共有知識になっているからである．戦略に関する情報についても同様である．「主体 j は戦略 s_j を持っている」あるいは「主体 j は戦略 s_j を持っていない」という情報を受け取った場合には，主体の集合についての認識体系の変更とともに，戦略についての認識体系 $\mathbf{S}_i$ を変更すればよい．その変更は，各 $\sigma \in \Sigma$ に対する S_j^σ に s_j を付け加えるという手続きになる．特にもし，$\cap_{\sigma \in \Sigma} S_j^\sigma$ の中に s_j が属していれば，認識を変化させる必要はない．しかし，選好についての情報に伴う認識体系の変更は，主体の集合や戦略の場合ほど簡単ではない．また，変更の仕方の違いによって，戦略の選択が大きく影響を受ける．そこで，ここでは各意思決定主体の選好についての情報交換に焦点をあてることにしよう．

主体が持っている選好についての情報交換を主に考えるために，意思決定状況

の要素のうち, 主体全体の集合 N と各主体 $i \in N$ が持っている戦略の集合 S_i はすべての主体の間で共有知識になっているとする. つまり, 各主体が持っている N の認識体系 $(\mathbf{N}, \Sigma) = (\mathbf{N}_i, \Sigma_i)_{i \in N}$ を考えたとき, 任意の $i \in N$ に対して, $\Sigma_i = \Sigma_i^*$ である (あるいは, 任意の $i \in N$, 任意の $\sigma \in \Sigma_i$ に対して $N^\sigma = N$ である) とし, また, $S = (S_i)_{i \in N}$ の認識体系 $\mathbf{S} = (\mathbf{S}_i)_{i \in N}$ (ただし, 任意の $i \in N$ に対して $\mathbf{S}_i = (S^\sigma)_{\sigma \in \Sigma_i}$ かつ, 任意の $\sigma \in \Sigma_i$ に対して $S^\sigma = \prod_{j \in N^\sigma} S_j^\sigma$ とする) について, 任意の $i \in N$, 任意の $\sigma \in \Sigma_i$, 任意の $j \in N^\sigma$ に対して $S_j^\sigma = S_j$ であるとする.

これまで, 主体の選好は起こり得る結果の集合上の, 反射的で推移的な順序で表現してきた. しかし, 順序が与えられただけでは, 主体の戦略の選択の仕方を表現できない. そこで以下では, 主体の選好を「ルール」と呼ばれる関数を用いて表現することにする. ある主体のルールは, 他の主体の戦略の組それぞれに対してその主体の戦略を1つ対応させるようなものであり, ゲーム理論での応答関数に対応する. 各主体 $i \in N$ の戦略の集合 S_i が与えられているとすると, ルールは以下のように定義される.

定義 9.7 (ルール) 任意の $i \in N$ に対して, 主体 i のルールは, S_{-i} から S_i への関数で, r_i で表される. 主体 i の可能なルール全体の集合は R_i で表される. r_i を $i \in N$ に関して並べたもの $(r_i)_{i \in N}$ は r で表される. さらに, $\prod_{i \in N} R_i$ を R と書く. □

今後は, R_i という記号は, 主体 $i \in N$ の選好ではなく, 主体 i のルール全体を表すことになる. 主体 i が持っているルールは r_i で表され, これが主体 i の選好を表現したものとなることに注意してほしい.

ルールについても主体間の相互認識が行われる可能性がある. つまり, 各主体はルールについての認識体系を持っているとする.

定義 9.8 (ルールについての認識体系) 任意の $i \in N$, 任意の $\sigma \in \Sigma_i$, 任意の $k \in N$ に対して, σ の r_k についての認識は R_k の要素であり, r_k^σ で表す. σ の r についての認識は r_k^σ を $k \in N^\sigma$ に関して並べたもの $(r_k^\sigma)_{k \in N^\sigma}$ であり, r^σ で表す. 任意の $i \in N$ に対して, 主体 i のルールの認識体系は r^σ を $\sigma \in \Sigma_i$ に

関して並べたもの $(r^\sigma)_{\sigma \in \Sigma_i}$ であり，$\mathbf{r}_i$ と書く．$\mathbf{r}_i$ を $i \in N$ に関して並べたもの $(\mathbf{r}_i)_{i \in N}$ は $\mathbf{r}$ で表す．さらに，任意の $i \in N$，任意の $\sigma \in \Sigma_i$ に対して，列 σ のルールの認識体系は $(r^\tau)_{\tau \in \Sigma_\sigma}$ であり，$\mathbf{r}_\sigma$ で表す． □

各主体は，自分が持っているルールの認識体系 $\mathbf{r}_i$ を参照しながら，自らが選択する戦略を決定する．この決定は「決定関数」に従って行われる．

定義 9.9 (決定関数) 任意の $i \in N$ に対して，主体 i の決定関数は，主体 i のルールの認識体系 $\mathbf{r}_i$ を主体 i の戦略の1つに対応付ける関数であり，d_i で表される．もし，対応付けられた戦略が s_i^* である場合には $d_i(\mathbf{r}_i) = s_i^*$ となる．$i \in N$ に関して d_i を並べたもの $(d_i)_{i \in N}$ は d で表される． □

決定関数についても主体間の相互認識が行われる可能性がある．

定義 9.10 (決定関数についての認識体系) 任意の $i \in N$，任意の $\sigma \in \Sigma_i$，任意の $k \in N$ に対して σ による d_k の認識は，$\mathbf{r}_{k\sigma}$ を S_k のある要素に対応付ける関数で，d_k^σ と表される．したがって，$d_k^\sigma(\mathbf{r}_{k\sigma}) \in S_k$ である．σ による d の認識は $k \in N^\sigma$ に関して d_k^σ を並べたもの $(d_k^\sigma)_{k \in N^\sigma}$ で，d^σ と表される．任意の $i \in N$ に対して，主体 i の決定関数の認識体系は，$\sigma \in \Sigma_i$ に関して d^σ を並べたもの $(d^\sigma)_{\sigma \in \Sigma_i}$ であり，$\mathbf{d}_i$ で表される．$\mathbf{d}_i$ を $i \in N$ について並べたもの $(\mathbf{d}_i)_{i \in N}$ は $\mathbf{d}$ と表される．任意の $i \in N$，任意の $\sigma \in \Sigma_i$ に対して，列 σ の決定関数の認識体系は $(d^\tau)_{\tau \in \Sigma_\sigma}$ であり，$\mathbf{d}_\sigma$ で表される． □

主体は，自分が持っているルールについての情報交換を行い，互いの選好について正しい認識を持とうとする．正しい認識が得られれば，適切な意思決定につながるからである．しかしながら，情報交換には「虚偽」や「不信」といった側面がある．つまり，必ずしも正しい情報ばかりが交換されるとは限らないし，交換された情報を主体が必ず信じるとは限らない．したがって，主体が互いに正しい認識を持つには情報交換の際に工夫が必要になる．

選好に関する情報交換だけに話を限定したとしても，さまざまなタイプのものが考えられる．実際，数理的な意思決定理論ではさまざまな情報交換のタイプが扱われてきた．ここではそのうちの代表的なもの4つを扱う．ここで考えて

9.2. 相互認識と情報交換

いる情報交換は,すべての主体が同時に情報を発し,同時に情報を受け取るというものである.

- ルール

  各主体が持っているルールそのものを互いに交換する.

- 戦略

  自分が選択しようとしている戦略を互いに交換する.

- 誘導戦略

  ソフトゲーム理論で扱われている情報交換のタイプで,主体 i は起こり得る結果 $p^i = (p^i_j)_{j \in N} \in S$ と戦略 $t_i \in S_i$ の組 (p^i, t_i) を伝えることで,「私(主体 i)は,他の主体が $p^i_{-i} \in S_{-i}$ を選択しそうなら p^i_i を選択する.そうでなければ t_i を選択する」ということを伝えようとする.

- モーメント

  ドラマ理論で使われる情報交換のタイプで,主体 i は起こり得る結果 $p^i = (p^i_j)_{j \in N} \in S$ と戦略 $f_i \in S_i$ の組 (p^i, f_i) を伝えることで,「私(主体 i)は,もし全員が p^i を達成したいと考えていて,かつ,他の主体が $p^i_{-i} \in S_{-i}$ を選択しそうなら p^i_i を選択する.そうでなければ t_i を選択する」ということを伝えようとする.

ここでは,これら4つの情報交換のタイプを統一的に扱うための概念として,「情報コンベア」を用いる.

定義 9.11 (情報コンベア) 情報コンベアとは,$(\Delta_i)_{i \in N}$ と $(b_i)_{i \in N}$ の組である.ただし,任意の $i \in N$ に対して,Δ_i は主体 i が伝えることができる情報のパターン全体からなる集合であり,b_i は $\prod_{i \in N} \Delta_i$ から R_i への関数,つまり,与えられた各主体からの情報を主体 i のルールに変換する規則を表したものである.$\prod_{i \in N} \Delta_i$ は Δ で表され,Δ の各要素 $(\delta_i)_{i \in N}$ は δ で表される. □

情報コンベアの考え方を使うと,上で挙げた情報交換のタイプはそれぞれ以下のように表現される.

定義 9.12 (ルールコンベア) ルールコンベアは, 任意の $i \in N$ に対して $\Delta_i = R_i$ であり, 任意の $\delta = (r_i)_{i \in N} \in \Delta = R$ に対して $b_i(\delta) = r_i$ であるような情報コンベア $((\Delta_i)_{i \in N}, (b_i)_{i \in N})$ である. □

定義 9.13 (戦略コンベア) 戦略コンベアは, 任意の $i \in N$ に対して $\Delta_i = S_i$ であり, 任意の $\delta = (s'_i)_{i \in N} \in \Delta = S$ に対して $b_i(\delta) = r_i$ であるような情報コンベア $((\Delta_i)_{i \in N}, (b_i)_{i \in N})$ である. ただし,

$$r_i(s_{-i}) = s'_i \ (\forall s_{-i} \in S_{-i})$$

であるとする. □

定義 9.14 (誘導戦略コンベア) 誘導戦略コンベアは, 任意の $i \in N$ に対して $\Delta_i = S \times S_i$ であり, 任意の $\delta = (p^i, t_i)_{i \in N} \in \Delta$ に対して $b_i(\delta) = r_i$ であるような情報コンベア $((\Delta_i)_{i \in N}, (b_i)_{i \in N})$ である. ただし,

$$r_i(s_{-i}) = \begin{cases} p^i_i & \text{if} \quad s_{-i} = p^i_{-i} \\ t_i & \text{otherwise} \end{cases}$$

である. □

定義 9.15 (モーメントコンベア) モーメントコンベアは, 任意の $i \in N$ に対して $\Delta_i = S \times S_i$ であり, 任意の $\delta = (p^i, f_i)_{i \in N} \in \Delta$ に対して $b_i(\delta) = r_i$ であるような情報コンベア $((\Delta_i)_{i \in N}, (b_i)_{i \in N})$ である. ただし,

$$r_i(s_{-i}) = \begin{cases} p^i_i & \text{if} \quad [\forall j \in N, p^j = p^i] \text{ かつ } [s_{-i} = p^i_{-i}] \\ f_i & \text{otherwise} \end{cases}$$

である. □

9.2.2 情報交換に伴う認識体系の修正

ここで考えている情報交換は, すべての主体が同時に情報を発し, 同時に情報を受け取るというものである. 各主体は自分が情報を発すると同時に, 他の複数

9.2. 相互認識と情報交換

の主体から情報を得る．情報交換後に各主体の認識を正しく把握するには，各主体は，まず，発せられた情報を使って情報交換前の他の主体の認識を再現し，その後，情報交換の影響による認識の変更を予想する，という手続きをとるべきである．

このような「2段階の認識の修正」を表現するために，ここでは，認識の修正に用いられる3つのタイプの関数を導入する．情報コンベア $((\Delta_i)_{i \in N}, (b_i)_{i \in N})$ が与えられていて，任意の $i \in N$ に対して，主体 i がルールの認識体系 $\mathbf{r}_i = (r^\sigma)_{\sigma \in \Sigma_i}$ を持っているとし，情報 $\delta \in \Delta$ が交換されるとする．

各主体が持っているルールの認識体系全体の変化は「体系関数」で表現される．

定義 9.16 (体系関数) 任意の $i \in N$ に対して，主体 i の体系関数 g_i とは，任意の $\delta \in \Delta$ に応じて，任意のルールの認識体系 $\mathbf{r}_i$ に対して，もう1つのルールの認識体系 $\mathbf{r}'_i$ を対応付ける関数 $g_i(\delta)$ を与えるものである．このことは $g_i(\delta)(\mathbf{r}_i) = \mathbf{r}'_i$ と表現される． □

各主体は，交換された情報をもとにして，他の主体の情報交換前の認識体系を再現しようとする．これは「視界関数」で表現される．

定義 9.17 (視界関数) 任意の $i \in N$ に対して，主体 i の視界関数 l_i とは，任意の $\delta \in \Delta$ に応じて，任意のルールの認識体系 $\mathbf{r}_i$ に対して，ルールの視界 $\mathbf{r}'^i$ を対応付ける関数 $l_i(\delta)$ を与えるものである．このことは $l_i(\delta)(\mathbf{r}_i) = \mathbf{r}'^i$ と表現される． □

認識体系 $\mathbf{r}_i$ は $\mathbf{r}_i = (r^i, \mathbf{r}^i)$ と，認識と視界に分解されることに注意してほしい．視界関数は，認識体系のうち視界の部分の修正を捉えたものである．情報交換による主体の認識の変化は「認識関数」で表現される．

定義 9.18 (認識関数) 任意の $i \in N$ に対して，主体 i の認識関数 h_i とは，任意の $\delta \in \Delta$ に応じて，任意のルールの認識体系 $\mathbf{r}_i$ に対して，ルールの認識 r'^i を対応付ける関数 $h_i(\delta)$ を与えるものである．このことは $h_i(\delta)(\mathbf{r}_i) = r'^i$ と表現される． □

体系関数，視界関数，認識関数に対しても，主体は相互認識を持つと考えられる．つまり，体系関数の認識体系 $\mathbf{g}_i(\delta)$，視界関数の認識体系 $\mathbf{l}_i(\delta)$，認識関数の

認識体系 $\mathbf{h}_i(\delta)$ を考える必要がある. それぞれの記号を以下のように定義しておこう.

- $\mathbf{g}_i(\delta) = ((g_j^\sigma(\delta))_{j \in N^\sigma})_{\sigma \in \Sigma_i}$
- $\mathbf{l}_i(\delta) = ((l_j^\sigma(\delta))_{j \in N^\sigma})_{\sigma \in \Sigma_i}$
- $\mathbf{h}_i(\delta) = ((h_j^\sigma(\delta))_{j \in N^\sigma})_{\sigma \in \Sigma_i}$

さらに, これらの認識体系の間には以下のような関係があるとする. この関係は, 上で述べた「2段階の認識の修正」を表現するものである. 図 9.1 が, この関係を表現している.

任意の $\sigma \in \Sigma_i$, 任意の $j \in N^\sigma$ に対して,

$$g_j^\sigma(\delta) = (h_j^\sigma(\delta), (g_k^{j\sigma}(\delta))_{k \in N^{j\sigma} \setminus \{j\}} \circ l_j^\sigma(\delta))$$

である. 特に, 任意の $i \in N$ に対して,

$$g_j^i(\delta) = (h_j^i(\delta), (g_k^{ji}(\delta))_{k \in N^{ji} \setminus \{j\}} \circ l_j^i(\delta))$$

である.

これから先, 相互認識を伴う意思決定状況といった場合には,

$$(N, ((\mathbf{N}_i, \Sigma_i), \mathbf{S}_i)_{i \in N})$$

と,

- ルールの認識体系: $\mathbf{r} = (\mathbf{r}_i)_{i \in N}$,
- 決定関数の認識体系: $\mathbf{d} = (\mathbf{d}_i)_{i \in N}$,
- 情報コンベア: $((\Delta_i)_{i \in N}, (b_i)_{i \in N})$
- 体系関数の認識体系: $\mathbf{g} = (\mathbf{g}_i)_{i \in N}$,
- 視界関数の認識体系: $\mathbf{l} = (\mathbf{l}_i)_{i \in N}$,

9.2. 相互認識と情報交換　　　　　　　　　　　　　　179

図 9.1: 体系関数, 視界関数, 認識関数の間の関係

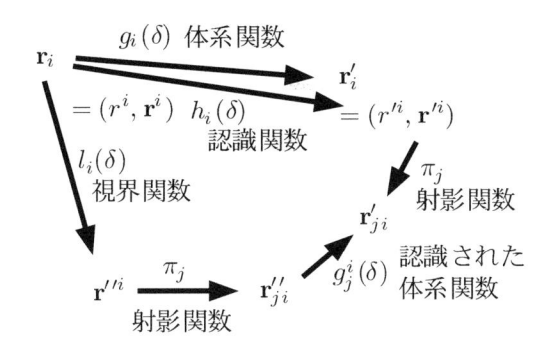

$$
\begin{array}{c}
\mathbf{r}_i \xrightarrow{g_i(\delta) \text{ 体系関数}} \mathbf{r}'_i \\
= (r^i, \mathbf{r}^i) \quad h_i(\delta) \quad = (r'^i, \mathbf{r}'^i) \\
l_i(\delta) \quad \text{認識関数} \\
\text{視界関数} \quad \pi_j \\
\mathbf{r}'_{ji} \quad \text{射影関数} \\
\mathbf{r}''^i \xrightarrow{\pi_j} \mathbf{r}''_{ji} \xrightarrow{g^i_j(\delta)} \text{認識された体系関数} \\
\text{射影関数}
\end{array}
$$

- 認識関数の認識体系: $\mathbf{h} = (\mathbf{h}_i)_{i \in N}$

が与えられているものとする. このことを定義の形で述べておこう.

定義 9.19 (相互認識を伴う意思決定状況)　相互認識を伴う意思決定状況とは,

$$(N, ((\mathbf{N}_i, \Sigma_i), \mathbf{S}_i)_{i \in N}, (\mathbf{r}_i)_{i \in N}, (\mathbf{d}_i)_{i \in N},$$
$$((\Delta_i)_{i \in N}, (b_i)_{i \in N}), (\mathbf{g}_i)_{i \in N}, (\mathbf{l}_i)_{i \in N}, (\mathbf{h}_i)_{i \in N})$$

という組である.　　　　　　　　　　　　　　　　　　　　　□

9.2.3　情報コンベアの決定性

ルールコンベア, 戦略コンベア, 誘導戦略コンベア, モーメントコンベアなどさまざまな情報コンベアが存在することからもわかるように, 情報交換のタイプはいろいろに考えられる. また情報交換のタイプに依存して, 意思決定の結果が変化する可能性もある. つまり, 意思決定状況がどのような情報交換のタイプを採用しているかに応じて意思決定が適切なものになるか, そうでないかが影響を受けるわけである. 適切な意思決定状況を達成するためには, 適切な情報交

換のタイプを選択しなければならない．そこでここでは，意思決定状況に採用されている情報交換のタイプが満たすべき条件を提案し，与えられた情報交換のタイプが適切なものかそうでないかを判断することを試みる．そのためにいくつかの概念を定義する．はじめは「論理的な主体」である．これは，意思決定主体の決定関数の認識体系とルールの認識体系の間の整合性を定めるものであり，主体が意思決定の際，自分が持っているルールの認識体系と他の主体が選択する戦略の予想だけを使うということを意味する．

定義 9.20 (論理的な主体) 任意の $i \in N$ に対して，主体 i が論理的であるとは，任意の $\sigma \in \Sigma_i$，任意の $k \in N$ に対して

$$d_k^\sigma(\mathbf{r}_{k\sigma}) = r_k^{k\sigma}((d_j^{k\sigma}(\mathbf{r}_{jk\sigma}))_{j \in N^{k\sigma} \setminus \{k\}})$$

が成り立つ場合をいう． □

次の「信用する主体」とは，他の主体から受け取った情報をすべて信じるような主体を表す．

定義 9.21 (信用する主体) 任意の $i \in N$ に対して，主体 i が信用する主体であるとは，任意の $\mathbf{r}_i$，任意の $\delta \in \Delta$ に対して $g_i(\delta)(\mathbf{r}_i) = \mathbf{r}'_i$ が成り立つことをいう．ただし，任意の $\sigma \in \Sigma_i$，任意の $k \in N \setminus \{i\}$ に対して，$r'^\sigma_k = b_k(\delta)$ であるとする． □

いつも正しい情報を他者に伝える主体を「正直な主体」と呼ぶことにする．

定義 9.22 (正直な主体) 任意の $i \in N$ に対して，主体 i が正直であるとは，任意の $\mathbf{r}_i$，任意の $\delta \in \Delta$ に対して，$g_i(\delta)(\mathbf{r}_i) = \mathbf{r}'_i$ が成り立つことをいう．ただし，任意の $\sigma \in \Sigma_i$ に対して，$r'^\sigma_i = b_i(\delta)$ であるとする． □

情報交換のタイプが満たすべき条件として「決定性」という概念を提案する．ここでは，情報交換は情報コンベアで表現されているとする．つまり，情報コンベアが決定的であるかどうかが，その情報交換のタイプが適切であるかどうかの判断基準になる．

9.2. 相互認識と情報交換

ある情報コンベアが決定性を満たすとは，すべての主体が正直であり，かつ，信用する主体である場合，各主体がいかなるルールの認識体系を持っていようとも，また，その情報コンベアが許す範囲でいかなる情報が交換されようとも，各主体が論理的であることを満たしながら，すべての主体の間で共有知識になることができるような結果が少なくとも1つ存在することをいう．

定義 9.23 (情報コンベアの決定性) 情報コンベア $((\Delta_i)_{i\in N}, (b_i)_{i\in N})$ が決定的であるとは，任意の $i \in N$ に対して，主体 i が正直，かつ，信用する主体である場合，任意の $\mathbf{r} = (\mathbf{r}_i)_{i\in N}$, 任意の $\delta \in \Delta$ に対して，ある $s = (s_i)_{i\in N} \in S$ が存在して，

もし任意の $i \in N$, 任意の $\sigma \in \Sigma_i$, 任意の $k \in N$ に対して，$g_i(\delta)(\mathbf{r}_i) = \mathbf{r}'_i$ であり，かつ，$d_k^\sigma(\mathbf{r}'_{k\sigma}) = s_k$ である場合，任意の $i \in N$ に対して，主体 i が論理的である，

ということを満たす場合をいう． □

決定性の条件が成立しない場合，つまり情報コンベアが決定性を満たさない場合を考えてみよう．すべての主体が正直に情報を伝え，かつそれをすべての主体が信用するとする．このとき，情報コンベアが決定性を満たさない場合には，次のようなことが起こらない限り意思決定がなされない．

1. 各主体は論理的に意思決定しているが，各主体が選択しようとしている戦略は共有知識になっていない．
2. 各主体が選択しようとしている戦略は共有知識になっているが，論理的に意思決定していない主体が存在する．

これらのうちいずれが起こっても，この意思決定に対して不満を持つ主体が出現する．実際，1.の場合には，「他の主体がこんな選択をするとは思わなかった」という主体が出現し，2.の場合には，「自分は論理的に意思決定しなかった」と考える主体が出現する．つまり，情報コンベアは決定性を満たすべきである．では決定性を満たす情報コンベアの中にはどのようなものがあるだろうか．先

182   第9章 相互認識と競争

に挙げた4つの情報コンベアの中から決定性を満たすものを探してみよう．結論としては，4つの情報コンベアのうち，2つだけが決定性を満たす．

以下の2つの定理は，戦略コンベアとモーメントコンベアが決定性を満たすことを示している．

定理 9.1 (戦略コンベアの決定性) $N, S,$ そして g が与えられているとする．戦略コンベアは決定性を満たす． □

(証明) すべての主体は，信用する主体であり，かつ，正直な主体なので，任意の $i \in N$, $\sigma \in \Sigma_i$, 任意の $k \in N$, 任意の $\mathbf{r}_i$, 任意の $\delta = (s'_i)_{i \in N} \in \Delta = S$ に対して，$g_i(\delta)(\mathbf{r}_i) = \mathbf{r}'_i$ と $r_k^\sigma = r_k^*$ が成り立つ．ただし，任意の $s_{-k} \in S_{-k}$ に対して $r_k^*(s_{-k}) = s'_k$ である．任意の $i \in N$, 任意の $\sigma \in \Sigma_i$, 任意の $k \in N$ に対して $d_k^\sigma(\mathbf{r}'_{k\sigma}) = s'_k$ であるとする．このとき，任意の $i \in N$, 任意の $\sigma \in \Sigma_i$, 任意の $k \in N$ に対して，

$$\begin{aligned}
s'_k &= d_k^\sigma(\mathbf{r}'_{k\sigma}) \\
&= r_k^{k\sigma}((d_j^{k\sigma}(\mathbf{r}'_{jk\sigma}))_{j \in N \setminus \{k\}}) \\
&= r_k^*((s'_j)_{j \in N \setminus \{k\}}) \\
&= s'_k
\end{aligned}$$

である．したがって，任意の $i \in N$ に対して，主体 i は論理的であり，戦略コンベアが決定性を満たすことがわかる． ■

定理 9.2 (モーメントコンベアの決定性) $N, S,$ そして g が与えられているとする．モーメントコンベアは決定性を満たす． □

(証明) まず，$\delta = (p^i = (p^i_{-k})_{k \in N}, f_i)_{i \in N}$ に対して，ある $p^* = (p_k^*)_{k \in N} \in S$ が存在して，任意の $i \in N$ に対して $p^i = p^*$ であるような場合を考える．このとき，任意の $i \in N$ に対して $b_i(\delta) = r_i^*$ である．ただし，$r_i^*(p_{-i}^*) = p_i^*$ であり，かつ $s_{-i} \neq p_{-i}^*$ ならば $r_i^*(s_{-i}) = f_i$ である．すべての主体は，信用する主体であり，かつ，正直な主体なので，任意の $i \in N$, 任意の $\sigma \in \Sigma_i$, 任意の $k \in N$, 任

9.2. 相互認識と情報交換

意の $\mathbf{r}_i$ に対して $g_i(\delta)(\mathbf{r}_i) = \mathbf{r}'_i$ かつ $r'^{\sigma}_k = r^*_k$ である. ここで, 任意の $i \in N$, 任意の $\sigma \in \Sigma_i$, 任意の $k \in N$ に対して $d^{\sigma}_k(\mathbf{r}'_{k\sigma}) = p^*_k$ と仮定する. すると, 任意の $i \in N$, 任意の $\sigma \in \Sigma_i$, 任意の $k \in N$ に対して

$$\begin{aligned} p^*_k &= d^{\sigma}_k(\mathbf{r}'_{k\sigma}) \\ &= r^{k\sigma}_k((d^{k\sigma}_j(\mathbf{r}'_{jk\sigma}))_{j \in N\setminus\{k\}}) \\ &= r^*_k((p^*_j)_{j \in N\setminus\{k\}}) \\ &= p^*_k \end{aligned}$$

が成り立つ. したがって, 任意の $i \in N$ に対して, 主体 i は論理的である.

次に, $\delta = (p^i = (p^i_{-k})_{k \in N}, f_i)$ に対して, ある $i, j \in N$ が存在して, $p^i \neq p^j$ である場合を考える. 任意の $i \in N$ に対して $b_i(\delta) = r^*_i$ である. ただし, 任意の $s_{-i} \in S_{-i}$ に対して $r^*_i(s_{-i}) = f_i$ である. 戦略コンベアの場合と同じ議論で, 任意の $i \in N$ に対して, 主体 i が論理的であることがわかる.

したがって, モーメントコンベアが決定性を満たすことがわかった. ∎

以下の 2 つの例は, ルールコンベアと誘導戦略コンベアが決定性を満たすとは限らないことを示す.

例 9.2 (ルールコンベアの非決定性) $N = \{1, 2\}$, $S_1 = \{a_1, b_1\}$, そして $S_2 = \{a_2, b_2\}$ であると仮定し, 任意の主体が, 信用する主体であり, かつ, 正直な主体であるとする. このときルールコンベアは決定性を満たさない. 実際, 各主体のルール r^*_1 と r^*_2 として,

$$r^*_1(a_2) = a_1, r^*_1(b_2) = b_1, \quad r^*_2(a_1) = b_2, r^*_2(b_1) = a_2$$

を満たすものを考える. さらに, $\delta = (\delta_i)_{i \in N}$ を (r^*_1, r^*_2) とする. 任意の主体が, 信用する主体であり, かつ, 正直な主体であり, $b_1(\delta) = r^*_1$ かつ $b_2(\delta) = r^*_2$ なので, 任意の $i \in N$, 任意の $\sigma \in \Sigma_i$, 任意の $k \in N$, 任意の $\mathbf{r}_i$ に対して, $g_i(\delta)(\mathbf{r}_i) = \mathbf{r}'_i$ かつ $r'^{\sigma}_k = r^*_k$ となる. 任意の $\sigma \in \Sigma_1$ に対して $d^{\sigma}_1(\mathbf{r}'_{1\sigma}) = a_1$

とし，主体 1 が論理的であると仮定する．すると，

$$\begin{aligned}
a_1 &= d_1^\sigma(\mathbf{r}'_{1\sigma}) \\
&= r_1^{1\sigma}(d_2^{1\sigma}(\mathbf{r}'_{21\sigma})) \\
&= r_1^{1\sigma}(r_2^{21\sigma}(d_1^{21\sigma}(\mathbf{r}'_{121\sigma}))) \\
&= r_1^*(r_2^*(a_1)) \\
&= r_1^*(b_2) \\
&= b_1
\end{aligned}$$

となり，矛盾である．もし，$d_1^\sigma(\mathbf{r}'_{1\sigma}) = b_1$ であるとしても

$$\begin{aligned}
b_1 &= d_1^\sigma(\mathbf{r}'_{1\sigma}) \\
&= r_1^*(r_2^*(b_1)) \\
&= r_1^*(a_2) \\
&= a_1
\end{aligned}$$

となり，これも矛盾である．したがって，主体 1 は論理的ではありえないことになり，ルールコンベアが決定性を満たさないことがわかる． □

例 9.3 (誘導戦略コンベアの非決定性) $N = \{1, 2\}$, $S_1 = \{a_1, b_1\}$，そして $S_2 = \{a_2, b_2\}$ であると仮定し，任意の主体が，信用する主体であり，かつ，正直な主体であるとする．このとき誘導戦略コンベアは決定性を満たさない．実際，$\delta = (\delta_1, \delta_2)$ が $\delta_1 = ((a_1, a_2), b_1)$ かつ $\delta_2 = ((a_1, b_2), a_2)$ であるとき，$b_1(\delta) = r_1^*$ かつ $b_2(\delta) = r_2^*$ となる．ただし，$r_1^*(a_2) = a_1$, $r_1^*(b_2) = b_1$, $r_2^*(a_1) = b_2$, $r_2^*(b_1) = a_2$ である．したがって，ルールコンベアのときと同じ議論によって，主体 1 は「論理的」ではありえないことがわかり，誘導戦略コンベアが決定性を満たさないことがわかる． □

9.3 戦略的情報操作の不可能性

情報交換に伴う認識体系の修正を扱うための枠組を用いて，情報交換に関わる意思決定状況の性質，特に，戦略的な情報操作の不可能性について考えよう．相互認識を伴う意思決定状況において主体が情報交換をする理由としては，

- 正しい情報の共有

  各主体は，他者の選好を正しく認識していない可能性を認識しており，自らが適切な意思決定をするには，他者の正しい選好を知り，また自らの正しい選好を他者に伝える必要があるため．

- 望ましい結果を達成するための説得

  自らの選好と他者の選好が異なる場合，自分にとって望ましい結果を導くために他者を説得する必要があるため．

- 戦略の選択の調整

  社会的に望ましい結果を導くためには，主体の間で戦略の選択を調整する必要があるため．

などが考えられる．

9.3.1 戦略的な情報操作

情報交換の後には実際に意思決定が行われる．情報交換が適切でない場合には，主体にとって望ましい結果が達成されない恐れがある．例えば，囚人のジレンマの状況で，戦略の調整が不十分だとパレート最適な結果が得られない．男女の争いの状況でも戦略の選択を十分に調整したにもかかわらず，互いにとって望ましくない結果に陥ることが考えられる．特に，ある主体が嘘をつくことで不当に得をしたということが意思決定の後に判明した場合には，主体の間に「意思決定が不公正であった」という印象が広まり，不満を残すことになる．これは意思決定主体全体として望ましくない事態である．つまり，意思決定状況におけ

る情報交換においては，最低限，「各主体が真実の情報を発する」ということが保証されていてほしいのである．

各主体が真の情報を発しようと考えるためには，主体や意思決定状況が何らかの性質を備えていなければならない．ここでは，「ある主体が嘘をついても得をする見込みが低い」という性質を持っている意思決定状況について考察していく．

意図的に発する情報を操作することで，正直に情報を発した場合よりも自分にとって望ましい結果を導こうとすることを「戦略的な情報操作」という．そして，どんな主体にとっても，効果的な戦略的な情報操作が不可能な場合，つまり真実ではない情報を発しても得することがないような意思決定状況のことを戦略的な情報交換が不可能な状況であると呼ぶ．ここでは，意思決定状況において戦略的な情報操作が不可能になるための条件を与える．まず，2つのタイプの戦略的な情報操作の不可能性を定義する．なお，ここでは情報コンベアとして「ルールコンベア」が採用されているものとする．

9.3.2 内部不可能性と外部不可能性

1つ目は「内部不可能性」と呼ばれるもので，「嘘をつくことで自分自身の選好が変化してしまい，嘘の効力が薄れてしまう」ということを表現したものである．

定義 9.24 (戦略的な情報操作の内部不可能性) 相互認識を伴う意思決定状況が内部不可能性を満たすとは，任意の $i \in N$，任意の $\mathbf{r}_i$，任意の δ に対して，もし $\delta_i \neq r_i^i$ ならば $\pi_i \circ h_i^i(\delta)(\mathbf{r}_i) \neq r_i^i$ が成り立つときをいう．ただし，π_i は i 番目の要素への射影関数である． □

2つ目の不可能性は「外部不可能性」と呼ばれるもので，「嘘をついたとしても他の主体の情報によって嘘の効力が打ち消される可能性がある」ということを表現している．

定義 9.25 (戦略的な情報操作の外部不可能性) 相互認識を伴う意思決定状況が外部不可能性を満たすとは，任意の $i \in N$，任意の $j \in N^i \setminus \{i\}$，任意の $\mathbf{r}_i$，任意

の δ_i に対して，ある δ_{-i} が存在して，$\pi_j \circ h_j^i(\delta_i, \delta_{-i})(\mathbf{r}_{ji}) = r_j^{ji}$ であることをいう．ただし，$\mathbf{r}_i = (r^i, \mathbf{r}^i)$ かつ $\mathbf{r}^i = (\mathbf{r}_{ji})_{j \in N^i}$ である． □

9.3.3 情報操作の不可能性

内部不可能性や外部不可能性が成立するための条件を与えるためにいくつかの概念を導入する．はじめは「信念の分離可能性」で，これは「ある主体が発した情報を信じるかどうかは他の主体が発した情報とは無関係である」ということを表している．

定義 9.26 (信念の分理性) 状況が信念の分理性を満たすとは，任意の $i \in N$，任意の $\mathbf{r}_i$，任意の $\sigma \in \Sigma_i$，任意の $k \in N^\sigma$，任意の $j \in N^{k\sigma} \setminus \{k\}$，任意の δ_j，任意の δ_{-j}，任意の δ'_{-j} に対して，

$$\pi_j \circ p \circ \pi_j \circ l_k^\sigma(\delta_j, \delta_{-j})(\mathbf{r}_{k\sigma}) = \pi_j \circ p \circ \pi_j \circ l_k^\sigma(\delta_j, \delta'_{-j})(\mathbf{r}_{k\sigma})$$

であることをいう．ただし，p は認識体系から認識への射影関数である． □

次の「認識の端点性」は，「他者の認識は，交換された情報そのものか，あるいは情報交換前に持っていたもののいずれかであって，その他のものではない」ということを表している．

定義 9.27 (認識の端点性) 状況が認識の端点性を満たすとは，任意の $i \in N$，任意の $\mathbf{r}_i$，任意の $\sigma \in \Sigma_i$，任意の $k \in N^\sigma$，任意の $j \in N^{k\sigma} \setminus \{k\}$，任意の δ，任意の $s_{-j} \in S^i_{-j}$ に対して，

$$\pi_j \circ p \circ \pi_j \circ l_k^\sigma(\delta)(\mathbf{r}_{k\sigma})(s_{-j}) = \begin{cases} b_j(\delta)(s_{-j}) \\ \text{または} \\ r_j^{jk\sigma}(s_{-j}) \end{cases}$$

が成り立つことをいう． □

情報には信じられないものが必ず存在する．「情報の非信頼性」はそのことを表す．

定義 9.28 (情報の非信頼性) 状況が情報の非信頼性を満たすとは, 任意の $i \in N$, 任意の $\mathbf{r}_i$, 任意の $\sigma \in \Sigma$, 任意の $k \in N^\sigma$, 任意の $j \in N^{k\sigma} \setminus \{k\}$ に対して, ある δ_j が存在して, 任意の δ_{-j} に対して

$$\pi_j \circ p \circ \pi_j \circ l_\sigma^k(\delta)(\mathbf{r}_{k\sigma}) \neq b_j(\delta)$$

が成立することをいう. □

ある主体が発した情報を信じた場合には, その主体が持っているルールの認識体系についての認識は変化しないということを表すのが「体系の安定性」である.

定義 9.29 (体系の安定性) 状況が体系の安定性を満たすとは, 任意の $i \in N$, 任意の $\mathbf{r}_i$, 任意の $\sigma \in \Sigma_i$, 任意の $k \in N^\sigma$, 任意の $j \in N^{k\sigma} \setminus \{k\}$, 任意の δ に対して,

$$\pi_j \circ p \circ \pi_j \circ l_k^\sigma(\delta)(\mathbf{r}_{k\sigma}) = \delta_j$$

ならば,

$$\pi_j \circ l_k^\sigma(\delta)(\mathbf{r}_{k\sigma}) = \mathbf{r}_{jk\sigma}$$

が成り立つ場合をいう. □

「認識安定性」は, ある主体が, 他者全員の情報を信じた場合あるいは他者全員の情報を信じなかった場合には, その主体のルールは変化しないことを表す.

定義 9.30 (認識安定性) 状況が認識安定性を満たすというのは, 任意の $i \in N$, 任意の $\mathbf{r}_i$, 任意の $\sigma \in \Sigma_i$, 任意の $k \in N^\sigma$, 任意の δ に対して, もし, 任意の $j \in N^{k\sigma} \setminus \{k\}$ に対して

$$\pi_j \circ p \circ \pi_j \circ l_k^\sigma(\delta)(\mathbf{r}_{k\sigma}) = b_j(\delta)$$

が成り立つか, または, 任意の $j \in N^{k\sigma} \setminus \{k\}$ に対して

$$\pi_j \circ p \circ \pi_j \circ l_k^\sigma(\delta)(\mathbf{r}_{k\sigma}) \neq b_j(\delta)$$

が成り立つときには

$$\pi_k \circ h_k^\sigma(\delta)(\mathbf{r}_{k\sigma}) = r_k^\sigma$$

が成り立つ場合をいう. □

「安定信用性」は，もし情報交換によってある主体のルールが変化しない場合には，それはその主体がすべての他者の情報を信じた場合であるということを表す.

定義 9.31 (安定信用性) 状況が安定信用性を満たすとは，任意の $i \in N$，任意の $\mathbf{r}_i$，任意の $\sigma \in \Sigma_i$，任意の $k \in N^\sigma$，任意の δ に対して，もし

$$\pi_k \circ h_k^\sigma(\delta)(\mathbf{r}_{k\sigma}) = r_k^\sigma$$

ならば，任意の $j \in N^{k\sigma} \setminus \{k\}$ に対して

$$\pi_j \circ p \circ \pi_j \circ l_k^\sigma(\delta)(\mathbf{r}_{k\sigma}) = \delta_j$$

であるということが成立する場合をいう. □

「非説得性」は，ある主体が嘘をついたとしても，他の主体の中に必ずそれに影響を受けないものが存在することを表す.

定義 9.32 (非説得性) 状況が非説得性を満たすとは，任意の $i \in N$，任意の $\mathbf{r}_i$，任意の $\sigma \in \Sigma_i$，任意の $k \in N^\sigma$，任意の δ に対して，ある $j \in N^{k\sigma} \setminus \{k\}$ が存在して，

$$\pi_j \circ h_k^\sigma(\delta)(\mathbf{r}_{k\sigma}) = r_j^{k\sigma}$$

であるということが成立する場合をいう. □

ルールの認識体系についても内部共通知識の概念を適用することができる.

定義 9.33 (ルールの内部共有知識) 状況がルールについて内部共有知識を持つというのは，任意の $i \in N$，任意の $\sigma \in \Sigma_i$，任意の $j \in N^\sigma$ に対して，$r_j^\sigma = r_j^i$ であることをいう. □

ここまでで定義してきた概念を用いて，戦略的情報交換の内部不可能性が成り立つための十分条件を以下のように与えることができる．

定理 9.3 (内部不可能性のための十分条件) 以下の条件を満たしている，相互認識を伴う意思決定状況を考える．

1. ルールの内部共有知識を持つ
2. 体系の安定性
3. 安定信用性
4. 非説得性

このとき，この状況は戦略的な情報操作の内部不可能性を満たす． □

(証明) 任意の $i \in N$，任意の $\mathbf{r}_i$，任意の δ に対して，$\pi_i \circ h_i^i(\delta)(\mathbf{r}_i) = r_i^i$ であるとする．安定信用性より，任意の $j \in N^i \setminus \{i\}$ に対して

$$\pi_j \circ p \circ \pi_j \circ l_i^i(\delta)(\mathbf{r}_i) = \delta_j$$

である．さらに，体系の安定性より，任意の $j \in N^i \setminus \{i\}$ に対して

$$\pi_j \circ l_i^i(\delta)(\mathbf{r}_i) = \mathbf{r}_{ji}$$

がいえる．非説得性から，ある $j \in N^i \setminus \{i\}$ が存在して，

$$\pi_j \circ h_i^i(\delta)(\mathbf{r}_i) = r_j^i$$

が成り立つ．今，g, h, l の定義から，常に任意の $j \in N^i \setminus \{i\}$ に対して，

$$\pi_j \circ h_j^i(\delta) \circ \pi_j \circ l_i^i(\delta)(\mathbf{r}_i) = \pi_j \circ h_i^i(\delta)(\mathbf{r}_i)$$

が成り立つので，

$$\pi_j \circ h_j^i(\delta)(\mathbf{r}_{ji}) = r_j^i$$

となる．再び安定信用性から，任意の $k \in N^{ji} \setminus \{j\}$ に対して

$$\pi_k \circ p \circ \pi_k \circ l_j^i(\delta)(\mathbf{r}_{ji}) = \delta_k$$

となり，体系の安定性を用いて，任意の $k \in N^{ji} \setminus \{j\}$ に対して
$$\pi_k \circ l_j^i(\delta)(\mathbf{r}_{ji}) = \mathbf{r}_{kji}$$
を得る．したがって，
$$\pi_k \circ p(\mathbf{r}_{kji}) = r_k^{kji} = \delta_k$$
である．特に，$r_i^{iji} = \delta_i$ が成り立ち，ルールの内部共有知識性から $r_i^i = \delta_i$ となる．したがって，
$$r_i^i \neq \delta_i \text{ ならば } \pi_i \circ h_i^i(\delta)(\mathbf{r}_i) \neq r_i^i$$
が成立し，戦略的な情報操作の内部不可能性が成り立つことがわかる．■

命題 9.1 (外部不可能性のための十分条件) 以下の条件を満たしている，相互認識を伴う意思決定状況を考える．

1. 信念の分理性
2. 認識の端点性
3. 情報の非信頼性
4. 認識安定性

このとき，この状況は戦略的な情報操作の外部不可能性を満たす．

(証明) 任意の $i \in N$，任意の $\mathbf{r}_i$，任意の $j \in N^i \setminus \{i\}$，任意の δ_i に対して，

1. $\pi_i \circ p \circ \pi_i \circ l_j^i(\delta_i, \delta'_{-i})(\mathbf{r}_{ji}) = \delta_i$ が任意の δ'_{-i} に対して成り立つか，あるいは
2. $\pi_i \circ p \circ \pi_i \circ l_j^i(\delta_i, \delta'_{-i})(\mathbf{r}_{ji}) \neq \delta_i$ が任意の δ'_{-i} に対して成り立つか

のいずれかである．

- 1. の場合 (つまり，$\forall \delta'_{-i}, \pi_i \circ p \circ \pi_i \circ l_j^i(\delta_i, \delta'_{-i})(\mathbf{r}_{ji}) = \delta_i$ の場合)
  任意の $k \in N^{ji} \setminus \{i, j\}$ に対して，$\delta_k = r_k^{ji}$ とすると，認識の端点性より，任意の δ''_{-k} に対して
  $$\pi_k \circ p \circ \pi_k \circ l_j^i(\delta_k, \delta''_{-k})(\mathbf{r}_{ji}) = \delta_k$$

なので，任意の $k \in N^i \setminus \{j\}$, 任意の δ_j''' に対して，

$$\pi_k \circ p \circ \pi_k \circ l_j^i(\delta_j''', \delta_{-j})(\mathbf{r}_{ji}) = \delta_k$$

である．したがって，認識安定性から，

$$\pi_k \circ h_j^i(\delta_j''', \delta_{-j})(\mathbf{r}_{ji}) = r_i^{ji}$$

が任意の δ_j''' に対して成立する．

- 2. の場合（つまり，$\forall \delta_{-i}', \pi_i \circ p \circ \pi_i \circ l_j^i(\delta_i, \delta_{-i}')(\mathbf{r}_{ji}) \neq \delta_i$ の場合）
情報の非信頼性より，任意の $k \in N^i \setminus \{i,j\}$ に対して，ある δ_k が存在して，任意の δ_{-k}'' に対して，

$$\pi_k \circ p \circ \pi_k \circ l_j^i(\delta_k, \delta_{-k}'')(\mathbf{r}_{ji}) \neq \delta_k$$

である．よって，任意の $k \in N^i \setminus \{j\}$, 任意の δ_j''' に対して，

$$\pi_k \circ p \circ \pi_k \circ l_j^i(\delta_j''', \delta_{-j})(\mathbf{r}_{ji}) \neq \delta_k$$

である．よって，認識安定性より，任意の δ_j''' に対して

$$\pi_k \circ h_j^i(\delta_j''', \delta_{-j})(\mathbf{r}_{ji}) = r_i^{ji}$$

が成立する． □

9.4 相互認識的均衡

相互認識を伴う意思決定状況における均衡概念を与えることを考えよう．情報交換と情報交換に伴う認識体系の変化の枠組を用いると，「相互認識的均衡」という新しい均衡概念を定義することができる．一般に，情報交換が行われると，各主体が持っているルールの認識体系は変化するが，交換される情報によっては，すべての主体のルールの認識体系が変化しない場合が考えられる．相互認識的均衡は，戦略コンベアで交換される情報の中で認識体系の変化を導かないようなものを1つの結果とみなすことで定義される．そのためここでは，状況で採用している情報交換のタイプは戦略コンベアであるとする．

9.4.1 最終選択の認識体系

任意の $i \in N$ に対して,主体 i の決定関数 d_i とルールの認識体系 $\mathbf{r}_i$ から定まる戦略を s_i^* で表し,主体 i の「最終選択」と呼ぶ.また,主体 i の最終選択を,各 $i \in N$ について並べたもの $(s_i^*)_{i \in N}$ を s^* で表す.主体の最終選択についての認識を以下のように表す.

定義 9.34 (最終選択の認識体系) 任意の $i \in N$,任意の $\sigma \in \Sigma_i$,任意の $j \in N^\sigma$ に対して,σ による s_j^* の認識とは,$d_j^\sigma(\mathbf{r}_{j\sigma})$ であり $s_j^{*\sigma}$ で表す.σ による s^* の認識は,$j \in N^\sigma$ に関して $s_j^{*\sigma}$ を並べたもの $(s_j^{*\sigma})_{j \in N^\sigma}$ で $s^{*\sigma}$ と表される.任意の $i \in N$ に対して,主体 i の最終選択の認識体系は,$\sigma \in \Sigma_i$ に関して $s^{*\sigma}$ を並べたもの $(s^{*\sigma})_{\sigma \in \Sigma_i}$ であり,$\mathbf{s}_i^*$ で表される.$\mathbf{s}_i^*$ を $i \in N$ について並べたもの $(\mathbf{s}_i^*)_{i \in N}$ は $\mathbf{s}^*$ と表される.任意の $i \in N$,任意の $\sigma \in \Sigma_i$ に対して,σ の最終選択の認識体系は $(s^{*\tau})_{\tau \in \Sigma_\sigma}$ であり,$\mathbf{s}_\sigma^*$ で表される. □

主体のルールと主体の選好は整合するが,主体の効用と主体のルールや選好は必ずしも整合しない.それは,一般に,各主体の選好は自らの効用と他の主体の選好とによって決まるためである.いいかえれば,主体の選好が相互依存的であることから,効用とルールや選好の間の不整合が発生するのである.従来のゲーム理論では,効用とルールや選好は整合していると考えて議論が進められている.この,整合性を表現するのが次の「ルールの合理性」である.これはナッシュ均衡を特徴付けるためにも用いられる.

任意の $i \in N$ に対して,主体 i の効用を,起こり得る結果の集合 S 上の順序 F_i で表現する.つまり,任意の $s, s' \in S$ に対して,$s F_i s'$ は,「主体 i は結果 s から,結果 s' と同じかそれ以上の効用を得る」ということを意味する.効用の認識や認識体系についてもこれまでと同様に定義する.

定義 9.35 (ルールの合理性) 任意の $i \in N$ に対して,主体 i が「ルールの合理性」を持つとは,任意の $\sigma \in \Sigma_i$,任意の $j \in N^\sigma$,任意の $r_j^{j\sigma}$,任意の $s_j \in S_j^\sigma$,任意の $s_{-j} \in S_{-j}^\sigma$ に対して,

$$(r_j^{j\sigma}(s_{-j}), s_{-j})\ F_j^\sigma\ (s_j, s_{-j})$$

が成立していることをいう． □

効用の考え方を用いると「ナッシュ均衡」は以下のように定義される．

定義 9.36 (ナッシュ均衡) 任意の $s' = (s'_i)_{i \in N} \in S$ に対して, s' が「ナッシュ均衡」であるとは, 任意の $i \in N$, 任意の $s_i \in S_i$ に対して,

$$s' \ F_i \ (s_i, s'_{-i})$$

であるときをいう． □

9.4.2 相互認識的均衡の定義

任意の $s = (s_i)_{i \in N} \in S$ に対して, $r(s) = (r(s)_i)_{i \in N}$ を, 任意の $i \in N$, 任意の $s'_{-i} \in S_{-i}$ に対して $r(s)_i(s'_{-i}) = s_i$ であるような S_{-i} から S_i への関数, つまり, 主体 i のルールの組であるとする．相互認識的均衡は下のように定義される．この定義は,

> 各主体が自分が選択しようとしている戦略を正直に他者に伝えた場合, 各主体のルールの認識体系が変化しない

ということを表現している．ある結果が相互認識的均衡である場合, 各主体はその結果を達成するために必要な戦略を選択しようとしており, また, そのことを各主体が正直に他者に伝える限り, 各主体のルールの認識体系は変化せず, したがって, 各主体が選択しようとする戦略も情報交換によって変化しない．ルールについての認識体系に変化を及ぼさないという意味で, 相互認識的均衡は安定しているとみなされるのである．

定義 9.37 (相互認識的均衡) 任意の $s = (s_i)_{i \in N} \in S$, 任意の $\mathbf{r}$ に対して, s が $\mathbf{r}$ において相互認識的均衡であるとは, 任意の $i \in N$ に対して,

$$s_i = s_i^* \ (= d_i^i(\mathbf{r}_i))$$

であり，かつ，任意の $i \in N$ に対して $b_i(\delta) = r(s)_i$ であるような $\delta = (\delta_i)_{i \in N} \in \Delta$ に対して，
$$g_i^i(\delta)(\mathbf{r}_i) = \mathbf{r}_i$$
であるときをいう． □

9.4.3 相互認識的均衡とナッシュ均衡

以下では，ナッシュ均衡の特徴付けや，相互認識的均衡とナッシュ均衡の間の関係を述べていく．まず，そのために必要な諸概念を定義していこう．

各主体は，決定関数についての認識と他者のルールの認識体系についての認識を使うことで，他の主体の最終選択を予想している．その予想は実際の最終選択と一致している場合もあれば一致していない場合もある．次の「正しい予想」の概念は予想と実際の一致を表現している．

定義 9.38 (正しい予想) 任意の $i \in N$ に対して，主体 i が正しい予想を持つとは，任意の $j \in N\setminus\{i\}$ に対して $s_j^{*ji} = s_j^*$ であるときをいう．ただし，$s_j^{*ji} = d_j^{ji}(\mathbf{r}_{ji})$ であり $s_j^* = d_j^j(\mathbf{r}_j)$ である． □

「最終選択の内部共有知識」は，意思決定主体が「自分が持っている主体の最終選択についての認識は共有知識になっている」と信じている，ということを表現する．

定義 9.39 (最終選択の内部共有知識) 任意の $i \in N$ に対して，主体 i が最終選択の内部共通知識を持っているとは，任意の $\sigma \in \Sigma_i$，任意の $j \in N^\sigma$ に対して，$s_j^{*j\sigma} = s_j^{*ji}$ であることをいう． □

「認識の選択一致安定性」は，各主体は，最終選択についての認識と受け取った情報がすべての他者について一致していたら，その主体はルールについての認識を変化させない，ということを表現している．

定義 9.40 (認識の選択一致安定性) 任意の $i \in N$ に対して，主体 i が認識の選択一致安定性を持つというのは，任意の $\sigma \in \Sigma_i$，任意の $k \in N^\sigma$，任意の $\delta \in \Delta$，

任意の $\mathbf{r}_{k\sigma}$ に対して, もし, 任意の $j \in N^{k\sigma}\setminus\{k\}$ に対して, ある $s \in S$ が存在して,
$$b_j(\delta) = r(s)_j$$
かつ,
$$d_j^{jk\sigma} \circ \pi_j \circ v(\mathbf{r}_{k\sigma}) = s_j$$
であるときには,
$$h_k^{k\sigma}(\delta)(\mathbf{r}_{k\sigma}) = p(\mathbf{r}_{k\sigma})$$
が成り立つときをいう. ただし, p は認識体系から認識への射影関数で, v は認識体系から視界への射影関数であるとする. □

「体系の一致安定性」は, 各主体は, 他の主体の最終選択についての認識とそれについての情報が一致しているならば, その主体のルールの認識体系についての認識は変化させず, 逆に情報交換によって他の主体のルールの認識体系についての認識が変化しないならば, その主体の最終選択についての認識とそれについての情報は一致している, ということを意味する.

定義 9.41 (体系の一致安定性) 任意の $i \in N$ に対して, 主体 i が体系の一致安定性を持つというのは, 任意の $\sigma \in \Sigma_i$, 任意の $k \in N$, 任意の $j \in N^{k\sigma}\setminus\{k\}$, 任意の $s \in S$, 任意の $\mathbf{r}_{k\sigma}$ に対して,
$$d_j^{jk\sigma} \circ \pi_j \circ v(\mathbf{r}_{k\sigma}) = s_j$$
であることと,
$$\pi_j \circ l_k^{k\sigma}(\delta)(\mathbf{r}_{k\sigma}) = \pi_j \circ v(\mathbf{r}_{k\sigma})$$
であることが同値である場合をいう. ただし δ は, 任意の $i \in N$ に対して $b_i(\delta) = r(s)_i$ を満たすものとする. □

「主体の論理性」は, 意思決定主体の決定関数の認識体系とルールの認識体系の間の整合性を定めるものであり, 主体が意思決定の際, 自分が持っているルールの認識体系と他の主体が選択する戦略の予想だけを使うということを意味する.

9.4. 相互認識的均衡

定義 9.42 (論理的な主体) 任意の $i \in N$ に対して, 主体 i が論理的であるとは, 任意の $\sigma \in \Sigma_i$, 任意の $k \in N^\sigma$ に対して

$$d_k^\sigma(\mathbf{r}_{k\sigma}) = r_k^{k\sigma}((d_j^{k\sigma}(\mathbf{r}_{jk\sigma}))_{j \in N \setminus \{k\}})$$

が成り立つ場合をいう. □

まず, 相互認識を伴う意思決定状況において, ある結果がナッシュ均衡であるための十分条件を与える.

命題 9.2 (ナッシュ均衡であるための十分条件 1) もし, 任意の $i \in N$ に対して, 主体 i が,

1. 論理的である, かつ,
2. ルールの合理性を持つ, かつ,
3. 正しい予想を持つ

ならば, 主体の最終選択 s^* はナッシュ均衡である. □

(証明) 任意の $i \in N$ に対して, 主体 i が正しい予想を持っていることから, 任意の $j \in N \setminus \{i\}$ に対して, $d_j^{ji}(\mathbf{r}_{ji}) = s_j^*$ である. また, 主体の論理性より, $d_i^i(\mathbf{r}_i) = r_i^i((d_j^{ji}(\mathbf{r}_{ji}))_{j \in N \setminus \{i\}})$ を得る. したがって, $s_i^* = r_i^i((s_j^*)_{j \in N \setminus \{i\}})$ が成り立つ. 主体のルールの合理性から, 任意の $s_i \in S_i$ に対して, $s^* F_i(s_i, s_{-i}^*)$ である. これは, 任意の $i \in N$ に対して成り立つ. よって, s^* はナッシュ均衡である. ∎

次の命題も, ある結果がナッシュ均衡であるための十分条件であるが, 上の命題がすべての主体についての言明からなるのに対して, この命題は, 1 人の主体についての言明だけからなる.

命題 9.3 (ナッシュ均衡であるための十分条件 2) もし, ある $i \in N$ が存在して, 主体 i が,

1. 論理的である, かつ,

2. ルールの合理性を持つ, かつ,

3. 正しい予想を持つ, かつ,

4. 内部共有知識を持つ

ならば, 主体の最終選択 s^* はナッシュ均衡である. □

(証明) 主体 i が条件を満たすとする. 主体 i は正しい予想を持つので, 任意の $j \in N\backslash\{i\}$ に対して, $d_j^{ji}(\mathbf{r}_{ji}) = s_j^*$ である. 主体 i が内部共有知識を持つので, 任意の $\sigma \in \Sigma_i$, 任意の $k \in N$ に対して, $d_k^{k\sigma}(\mathbf{r}_{k\sigma}) = d_k^{ki}(\mathbf{r}_{ki})$ である. 特に, 任意の $j \in N\backslash\{i\}$ について, $\sigma = ji$ の場合を考えると, $d_k^{kji}(\mathbf{r}_{kji}) = d_k^{ki}(\mathbf{r}_{ki})$ である. 主体 i の論理性とルールの合理性から, $s_i^* = d_i^i(\mathbf{r}_i) = r_i^i((d_j^{ji}(\mathbf{r}_{ji}))_{j \in N\backslash\{i\}})$ という関係が成り立ち, また, 任意の $j \in N\backslash\{i\}$ に対して, $d_j^{ji}(\mathbf{r}_{ji}) = s_j^*$ であることを考慮すると, 任意の $s_i \in S_i$ に対して, $s^* F_i (s_i, s_{-i}^*)$ である. さらに, 主体 i の論理性と, 任意の $k \in N^{ji}\backslash\{j\}$ に対して, $d_k^{kji}(\mathbf{r}_{kji}) = d_k^{ki}(\mathbf{r}_{ki}) = s_k^*$ であること, また, 主体 i のルールの合理性から, 任意の $j \in N\backslash\{i\}$ に対して, $s_j^* = d_j^{ji}(\mathbf{r}_{ji}) = r_j^{ji}((d_k^{kji}(\mathbf{r}_{kji}))_{k \in N\backslash\{j\}})$ となるので, 任意の $j \in N\backslash\{i\}$ と任意の $s_j \in S_j$ に対して, $s^* F_j (s_j, s_{-j}^*)$ である. よって, s^* はナッシュ均衡である. ∎

ここで新しく記号を導入しておく. 任意の $i \in N, \sigma = i_1 i_2 \cdots i_p \in \Sigma_i, s \in S$ に対して, $L_{i_1}^\sigma(s)$ で, $\sigma \neq i$ である場合には,

$$l_{i_1}^\sigma(s) \circ \pi_{i_1} \circ l_{i_2}^{i_2 \cdots i_p}(s) \circ \pi_{i_2} \circ \cdots \circ l_{i_{p-1}}^{i_{p-1} i_p}(s) \circ \pi_{i_{p-1}} \circ l_{i_p}^{i_p}(s)$$

を, $\sigma = i$ である場合には, $l_i^i(s)$ を表すものとする. この記号は, 続く 2 つの命題の証明に用いる. 次の命題は, ある結果が相互認識的均衡であるための十分条件である.

命題 9.4 (相互認識的均衡であるための十分条件 1) 任意の $i \in N$ に対して, 主体 i が,

1. 正しい予想を持つ, かつ,

9.4. 相互認識的均衡

2. 内部共有知識を持つ, かつ,

3. 認識の選択一致安定性を持つ, かつ,

4. 体系の一致安定性を持つ

ならば, 主体の最終選択 $s^*(=(d_i^i(\mathbf{r}_i))_{i\in N}) \in S$ は相互認識的均衡である. □

(証明) 任意の $i \in N$ に対して, 主体 i は内部共有知識を持っているので, 任意の $\sigma \in \Sigma_i$, 任意の $j \in N$ に対して, $d_j^{j\sigma}(\mathbf{r}_{j\sigma}) = d_j^{ji}(\mathbf{r}_{ji})$ である. さらに, 主体 i が正しい予想を持つことから, 任意の $j \in N\setminus\{i\}$ に対して, $d_j^{ji}(\mathbf{r}_{ji}) = s_j^*$ である. さらに, $d_i^i(\mathbf{r}_i) = s_i^*$ も成り立つ. したがって, 任意の $\sigma \in \Sigma_i$, 任意の $j \in N$ に対して, $d_j^{j\sigma}(\mathbf{r}_{j\sigma}) = s_j^*$ である.

任意の i に対して $\mathbf{r}_i' = \mathbf{r}_i$ が成立することを示せばよい. ただし, $\mathbf{r}_i' = g_i^i(s^*)(\mathbf{r}_i)$ である. すなわち, 任意の $\sigma \in \Sigma_i$ に対して, $r'^\sigma = r^\sigma$ であることを示したい.

任意の $i \in \Sigma_i$ に対して, 主体 i は認識の選択一致安定性を持っている. したがって, 任意の $\sigma \in \Sigma_i$, 任意の $k \in N$, 任意の $s^* \in S$, 任意の $\mathbf{r}_{k\sigma}$ に対して, もし, 任意の $j \in N\setminus\{k\}$ に対して, $d_j^{jk\sigma} \circ \pi_j \circ v(\mathbf{r}_{k\sigma}) = s_j^*$ であれば, $h_k^{k\sigma}(s^*)(\mathbf{r}_{k\sigma}) = p(\mathbf{r}_{k\sigma})$ である. 特に, $\sigma = i$ かつ $k = i$ の場合を考えると, 任意の $j \in N\setminus\{i\}$ に対して, $d_j^{ji} \circ \pi_j \circ v(\mathbf{r}_i) = d_j^{ji}(\mathbf{r}_{ji}) = s_j^*$ であるので, $h_i^i(s^*)(\mathbf{r}_i) = p(\mathbf{r}_i) = r^i$ を得る.

任意の $\sigma \in \Sigma_i$, 任意の $k \in N\setminus\{i_1\}$ に対して, $\mathbf{r}'^{k\sigma} = h_k^{k\sigma}(s^*) \circ L_{i_1}^\sigma(s^*)(\mathbf{r}_i)$ であることから, 任意の $\sigma = i_1 i_2 \cdots i_p \in \Sigma_i$, 任意の $k \in N\setminus\{i_1\}$ に対して, $\pi_k \circ L_{i_1}^\sigma(s^*)(\mathbf{r}_i) = \mathbf{r}_{k\sigma}$ であることと, 任意の $\sigma = i_1 i_2 \cdots i_p \in \Sigma_i$, 任意の $k \in N\setminus\{i_1\}$ に対して, $h_k^{k\sigma}(s^*)(\mathbf{r}_{k\sigma}) = r^{k\sigma}$ であることを示せば結論を得る.

まず, 前者の主張を $\sigma = i_1 i_2 \cdots i_p$ の長さ, すなわち p に関する数学的帰納法を用いて示す. $p = 1$ の場合, つまり $\sigma = i$ のときには, 任意の $k \in N\setminus\{i\}$ に対して, $\pi_k \circ L_{i_1}^\sigma(s^*)(\mathbf{r}_i) = \pi_k \circ l_i^i(s^*)(\mathbf{r}_i)$ である. $d_k^{ki}(\mathbf{r}_{ki}) = d_k^{ki} \circ \pi_k \circ v(\mathbf{r}_i) = s_k^*$ であることから, 主体 i の体系の一致安定性を用いて, $\pi_k \circ l_i^i(s^*)(\mathbf{r}_i) = \pi_k \circ v(\mathbf{r}_i) = \mathbf{r}_{ki}$ である. $p < m$ であるような任意の p に対して, 主張が成立しているとする. $\sigma = i_1 i_2 \cdots i_m$ であるような $\sigma \in \Sigma_i$ を考えると, 任意の $k \in N\setminus\{i_1\}$ に対して,

$\pi_k \circ L_{i_1}^{\sigma}(s^*)(\mathbf{r}_i) = \pi_k \circ l_{i_1}^{\sigma}(s^*) \circ \pi_{i_1} \circ L_{i_2}^{i_2 \cdots i_m}(s^*)(\mathbf{r}_i)$ であり，帰納法の仮定から，$\pi_{i_1} \circ L_{i_2}^{i_2 \cdots i_m}(s^*)(\mathbf{r}_i) = \mathbf{r}_\sigma$ であることがいえる．したがって，$\pi_k \circ L_{i_1}^{\sigma}(s^*)(\mathbf{r}_i) = \pi_k \circ l_{i_1}^{\sigma}(s^*)(\mathbf{r}_\sigma)$ が成り立つ．さらに，$d_k^{k\sigma}(\mathbf{r}_{k\sigma}) = d_k^{k\sigma} \circ \pi_k \circ v(\mathbf{r}_\sigma) = s_k^*$ であることから，主体 i の体系の一致安定性を用いて，$\pi_k \circ l_{i_1}^{\sigma}(s^*)(\mathbf{r}_\sigma) = \pi_k \circ v(\mathbf{r}_\sigma) = \mathbf{r}_{k\sigma}$ である．したがって，$\pi_k \circ L_{i_1}^{\sigma}(s^*)(\mathbf{r}_i) = \mathbf{r}_{k\sigma}$ である．つまり，任意の $\sigma = i_1 i_2 \cdots i_p \in \Sigma_i$，任意の $k \in N \setminus \{i_1\}$ に対して，$\pi_k \circ L_{i_1}^{\sigma}(s^*)(\mathbf{r}_i) = \mathbf{r}_{k\sigma}$ であるという前者の主張を数学的帰納法によって得た．

次に，後者の主張を示す．任意の $\sigma \in \Sigma_i$，任意の $k \in N \setminus \{i_1\}$，任意の $j \in N \setminus \{k\}$ に対して，$d_j^{jk\sigma}(\mathbf{r}_{jk\sigma}) = d_j^{jk\sigma} \circ \pi_j \circ v(\mathbf{r}_{k\sigma}) = s_j^*$ であるので，任意の $\sigma \in \Sigma_i$，任意の $k \in N \setminus \{i_1\}$ に対して，主体 i の認識の選択一致安定性より，$h_k^{k\sigma}(s^*)(\mathbf{r}_{k\sigma}) = p(\mathbf{r}_{k\sigma}) = r^{k\sigma}$ が成り立つ．したがって，結論を得た． ∎

次も，ある結果が相互認識的均衡であるための十分条件である．合理的なルールを持っている主体についての命題になっている．

命題 9.5 (相互認識的均衡であるための十分条件 2) 任意の $i \in N$ に対して，主体 i が，

1. ルールの合理性を持つ，かつ，
2. 正しい予想を持つ，かつ，
3. 内部共有知識を持つ，かつ，
4. 認識の選択一致安定性を持つ

ならば，主体の最終選択 $s^* (= (d_i^i(\mathbf{r}_i))_{i \in N}) \in S$ は相互認識的均衡である． □

(証明) 前の命題の証明と同様，任意の $i \in N$ に対して，

- 任意の $\sigma \in \Sigma_i$，任意の $j \in N$ に対して，$d_j^{j\sigma}(\mathbf{r}_{j\sigma}) = d_j^{ji}(\mathbf{r}_{ji})$ であり，
- 任意の $j \in N \setminus \{i\}$ に対して，$d_j^{ji}(\mathbf{r}_{ji}) = s_j^*$ であり，
- $d_i^i(\mathbf{r}_i) = s_i^*$ であり，

9.4. 相互認識的均衡

- 任意の $\sigma \in \Sigma_i$, 任意の $j \in N$ に対して, $d_j^{j\sigma}(\mathbf{r}_{j\sigma}) = s_j^*$ である.

さらに, $h_i^i(s^*)(\mathbf{r}_i) = p(\mathbf{r}_i) = r^i$ も, 前の命題と同様に成り立つ.

示すべきことは, 任意の $\sigma = i_1 i_2 \cdots i_p \in \Sigma_i$, 任意の $k \in N \backslash \{i_1\}$ に対して, $\pi_k \circ L_{i_1}^\sigma(s^*)(\mathbf{r}_i) = \mathbf{r}_{k\sigma}$ であり, また, 任意の $\sigma = i_1 i_2 \cdots i_p \in \Sigma_i$, 任意の $k \in N \backslash \{i_1\}$ に対して, $h_k^{k\sigma}(s^*)(\mathbf{r}_{k\sigma}) = r^{k\sigma}$ である, ということである. 前の命題と同様の議論で, 後者の命題が示される. 前者の主張を示すには, 主体 i のルールの合理性を用いる. ルールの合理性から, 任意の $k \in N \backslash \{i\}$ に対して, $\pi_k \circ l_i^i(s^*)(\mathbf{r}_i) = \pi_k \circ v(\mathbf{r}_i)$ が成り立ち, したがって, 任意の $k \in N \backslash \{i\}$ に対して, $\pi_k \circ l_i^i(s^*)(\mathbf{r}_i) = \mathbf{r}_{ki}$ が成立する. ルールの合理性より, 任意の $k \in N \backslash \{i\}$ に対して, $\pi_k \circ l_{i_1}^\sigma(s^*)(\mathbf{r}_\sigma) = \mathbf{r}_{k\sigma}$ であることも示せる. 前の命題と同様に, 数学的帰納法を用いると, $\pi_k \circ L_{i_1}^\sigma(s^*)(\mathbf{r}_i) = \pi_k \circ l_{i_1}^\sigma(s^*)(\mathbf{r}_\sigma)$ が成立するので, 前者の主張が示せる. ■

次の命題は相互認識的均衡とナッシュ均衡の関係を示したものである. この命題には「認識安定性による選択一致性」という概念を用いる. 認識安定性による選択一致性は, もし, 主体が情報交換をしたにもかかわらず, ルールについての認識を変化させなかったならば, 各主体の最終選択についての認識と受け取った情報が一致している, ということを表現する.

定義 9.43 (認識安定性による選択一致性) 任意の $i \in N$ に対して, 主体 i が認識安定性による選択一致性を持つとは, 任意の $\sigma \in \Sigma_i$, 任意の $k \in N^\sigma$, 任意の $s = (s_i)_{i \in N} \in S$, 任意の $\mathbf{r}_{k\sigma}$ に対して, もし, ある $\delta \in \Delta$ が存在して, 任意の $j \in N^{k\sigma} \backslash \{k\}$ に対して,

$$b_j(\delta) = r(s)_j$$

であり, かつ,

$$h_k^{k\sigma}(\delta)(\mathbf{r}_{k\sigma}) = p(\mathbf{r}_{k\sigma})$$

であれば,

$$d_j^{jk\sigma} \circ \pi_j \circ v(\mathbf{r}_{k\sigma}) = s_j$$

が, 任意の $j \in N \backslash \{k\}$ について成り立つときをいう. □

この命題は，相互認識的均衡がナッシュ均衡になるための条件を与えている．

命題 9.6 (相互認識的均衡がナッシュ均衡であるための条件) s を相互認識的均衡とする．もし，任意の $i \in N$ に対して，主体 i が

1. 論理的である，かつ，
2. ルールの合理性を持つ，かつ，
3. 認識安定性による選択一致性を持つ

ならば，s はナッシュ均衡である． □

(証明) s は相互認識的均衡なので，任意の $i \in N$ に対して，$s_i = s_i^* (= d_i^i(\mathbf{r}_i))$ である．任意の $i \in N$ に対する，主体 i の認識安定性による選択一致性より，もし，$h_i^i(\delta)(\mathbf{r}_i) = p(\mathbf{r}_i)$ であれば，任意の $j \in N \setminus \{i\}$ に対して，$d_j^{ji} \circ \pi_j \circ v(\mathbf{r}_i) = s_j$ である．s が相互認識的均衡であることから，$h_i^i(\delta)(\mathbf{r}_i) = p(\mathbf{r}_i)$ である．したがって，任意の $j \in N \setminus \{i\}$ に対して，$d_j^{ji} \circ \pi_j \circ v(\mathbf{r}_i) = s_j$ である．このことは，任意の i に対して，主体 i が正しい予想を持っていることを意味するので，主体 i が論理的であり，ルールの合理性を持っていることから，命題9.2を用いて，s はナッシュ均衡になることがわかる． ■

以上の命題から，相互認識的均衡とナッシュ均衡が深く関わっていることがわかる．

参考文献

[1] P. G. Bennett, Hypergames: Developing a Model of Conflict, *Futures* 12 (1980) 489–507.

[2] P. G. Bennett and M. R. Rando, The Arms Race as a Hypergame, *Futures* August (1982) 293–306.

[3] P. G. Bennett and N. Howard, Rationality, emotion and preference change: drama-theoretic models of choice, *European Journal of Operational Research* 92 (1996) 603–614.

[4] L. Berkowitz and K. Heimer, On the Construction of the Anger Experience : Aversive Events and Negative Priming in the Formation of Feelings, in L. Berkowitz (Ed.) *Advances in Experimental Social Psychology* 22 (1989) 1–37, Academic Press, New York.

[5] S. J. Brams and F. C. Zagare, Deception in Simple Voting Games, *Social Science Research* 6 (1977) 257–272.

[6] S. J. Brams and P. C. Fishburn, Approval Voting, *The American Political Science Review* 72 (1978) 831-847.

[7] S. J. Brams and P. C. Fishburn, Yes-no Voting, *Social Choice and Welfare* 10 (1993) 35-50.

[8] J. Bryant, All the World's a Stage: Using Drama Theory to Resolve Confrontation, *OR Insight* 10 (4) (1997) 14–21.

[9] D. Cartwright and F. Harary, Structural Balance: A Generalization of Heider's Theory, *The Psychological Review* 63 (1956) 277–293.

[10] D. Cartwright and F. Harary, Ambivalence and Indifference in Generalizations of Structural Balance, *Behavioral Science* 15 (1970) 497–513.

[11] J. A. Davis, Clustering and Structural Balance in Graphs, *Human Relations* 20 (1967) 181–187.

[12] J. Eichberger, *Game Theory for Economists* (1993), Academic Press, Inc., California.

[13] P. B. Evans, H. K. Jacobson and R. D. Putnam (Eds.), *Double-Edged Diplomacy: International Bargainning and Domestic Politics* (1993), University of California Press, Berkeley and Los Angeles, California.

[14] N. M. Fraser, M, Wang and K. W. Hipel, Hypergame Theory in Two-Person Conflicts with Application to the Cuban Missile Crisis, *Information and Decision Technologies* 16 (4) (1990) 301–319.

[15] J. W. Friedman, *Game Theory with Applications to Economics* (1986), Oxford University Press, New York.

[16] J. Geanakoplos, Common knowledge, In *Handbook of Game Theory with Economic Applications* 2 (1994) 1437–1496, Handbooks in Economics 11, North-Holland, Amsterdam.

[17] J. Harada, The Effects of Positive and Negative Experiences on Helping Behavior, *Japanese Psychological Research* 25 (1) (1983) 47-51.

[18] F. Harary, On the Notion of Balance of a Signed Graph, *Michigan Mathematical Journal* 2 (1953) 143–146.

[19] F. Harary and I. C. Ross, The Number of Complete Cycles in a Communication Network, *Journal of Social Psychology* 40 (1954) 329–332.

[20] F. Harary, On Local Balance and N-balance in Signed Graphs, *Michigan Mathematical Journal* 3 (1955) 37–41.

[21] F. Harary and I. C. Ross, A Procedure for Clique Detection Using the Group Matrix, *Sociometry* 20 (1957) 205–215.

[22] F. Harary, Structual Duality, *Behavior Science* 2 (1957) 255–265.

[23] F. Harary, On the Measurement of Structural Balance, *Behavior Science* 4 (1959) 316–323.

[24] F. Heider, Attitudes and Cognitive Organization, *The Journal of Psychology* 21 (1946) 107–112.

[25] 日名子直崇, ハイパーゲーム的状況での学習における必要情報のタイプと使用方法に関する研究, 平成9年度知能システム科学専攻修士論文 (1998), 東京工業大学.

[26] N. Howard, Game-Theoretic Analyses of Love and Hate, *Peace and Change* 13 (1988) 95–117.

[27] N. Howard, 'Soft' Game Theory, *Information and Decision Technologies* 16 (3) (1990) 215–227.

[28] N. Howard, The Role of Emotions in Multi-Organizational Decision-Making, *Journal of the Operational Research Society* 44 (6) (1993) 613–623.

[29] N. Howard, P. G. Bennett, J. Bryant and M. Bradley, Manifesto for a Theory of Drama and Irrational Choice, *Journal of the Operational Research Society* 44 (1) (1993) 99–103.

[30] N. Howard, Drama Theory and its Relation to Game Theory, *Group Decision and Negotiation* 3 (1994) 187–235.

[31] N. Howard, Negotiation as drama: how 'games' become dramatic, *International Negotiation* 1 (1996) 125–152.

[32] N. Howard, n-person 'Soft' games, *Journal of the Operational Reseach Society* 49 (1998) 144–150.

[33] T. Inohara and B. Nakano, Properties of 'Soft' Games with Mutual Exchange of Inducement Tactics, *Information and Systems Engineering* 1 (2) (1995) 131–148.

[34] T. Inohara, S. Takahashi and B. Nakano, Impossibility of Deception in a Conflict among Subjects with Interdependent Preference, *Applied Mathematics and Computation* 81 (2-3) (1997) 221-244.

[35] T. Inohara, S. Takahashi and B. Nakano, Integration of Games and Hypergames Generated from a Class of Games, *Journal of the Operational Research Society* 48 (4) (1997) 423-432.

[36] 猪原健弘, 高橋真吾, 中野文平, 集団討議の活性化におけるシステムアプローチの役割, 経営情報学会誌 6 (3) (1997) 41-60.

[37] T. Inohara, A Formal Theory on Decision Making with Interperception, 平成8年度システム科学専攻博士論文 (1997), 東京工業大学.

[38] T. Inohara, S. Takahashi and B. Nakano, On Conditions for a Meeting Not to Reach a Deadlock, *Applied Mathematics and Computaion* 90 (1) (1998) 1-9.

[39] T. Inohara, S. Takahashi and B. Nakano, Complete Stability and Inside Commonality of Perceptions, *Applied Mathematics and Computation* 90 (1) (1998) 11-25.

[40] T. Inohara, On Conditions for a Meeting Not to Reach a Recurrent Argument, *Applied Mathematics and Computation* 101 (2-3) (1999) 281-298.

[41] T. Inohara, Meetings in Deadlock and Decision Makers with Interperception, *Applied Mathematics and Computation* 109 (2-3) (2000) 121-133.

[42] T. Inohara, S. Takahashi and B. Nakano, Credibility of Information in 'Soft' Games with Interperception of Emotions, *Applied Mathematics and Computation* 115 (2-3) (2000) 23-41.

[43] T. Inohara, Interperceptional Equilibrium as a Generalization of Nash Equilibrium in Games with Interperception, *IEEE Transactions on Systems, Man, and Cybernetics* 30 (6) (2000) 625-638.

[44] T. Inohara, Characterization of Clusterability of Signed Graph in terms of Newcomb's Balance of Sentiments, *Applied Mathematics and Computation* (印刷中).

[45] T. Inohara, Clusterability of Groups and Information Exchange in Group Decision Making with Approval Voting System, *Applied Mathematics and Computation* (印刷中).

[46] T. Inohara, Information Exchange Among Decision Makers and Compatibility of Logicalness and Completeness of Information, *IEEE Transactions on Systems, Man, and Cybernetics* (審査中).

[47] 井上圭太郎, 中野文平, 認定投票の拡張とその応用に関する研究, 平成5年度システム科学専攻修士論文 (1994), 東京工業大学.

[48] D. M. Kilgour, L. Fang and K. W. Hipel, General Preference Structures in the Graph Model for Conflicts, *Information and Decision Technologies* 16 (4) (1990) 291-300.

[49] D. B. Meister, K. W. Hipel and M. De, Coalition Formation, *Journal of Scientific and Industrial Research* 51 August-September (1992) 612–625.

[50] 宮本弘之, 許容戦略にもとづいた投票方式の研究, 平成元年度経営工学専攻修士論文 (1990), 東京工業大学.

[51] H. Moulin, *Axioms of Cooperative Decision Making* (1988), Cambridge University Press, Cambridge, England.

[52] J. von Neumann and O. Morgenstern, *Theory of Games and Economic Behavior* 3rd. ed. (1953), Princeton University Press, Princeton, N. J.. 銀林浩, 橋本和美, 宮本敏雄監訳, ゲームの理論と経済行動, 全5冊 (1972–73), 東京図書.

[53] 岡田章, ゲーム理論 (1996), 有斐閣.

[54] 岡田憲夫, キース・W・ハイプル, ニル・M・フレーザー, 福島雅夫, コンフリクトの数理 (1988), 現代数学社.

[55] G. Owen, *Game Theory*, 3rd ed. (1995), Academic Press, Inc., San Diego, California.

[56] B. Peleg, *Game Theoretic Analysis of Voting in Committees* (1984), Cambridge University Press, New York.

[57] M. J. Rosenberg and C. I. Hovland, Cognitive, Affective, and Behavioral Components of Attitudes, In M. J. Rosenberg, C. I. Hovland, W. J. WcGuire, R. P. Abelson and J. W. Brehm (Eds.), *Attitude organization and change* (1960) 1–14, Yale University Press, New Haven.

[58] J. Rosenhead, *Rational Analisis for a Problematic World: Problem Structuring Methods for Complexity, Uncertainty and Conflict* (1989), John Wiley & Sons Ltd, England.

[59] J. Siran, Characterization of Signed Graphs which are Cellularly Embeddable in No More Than One Surface, *Discrite Mathematics* 94 (1991) 39–44.

[60] J. Siran, Duke's Theorem does Not Extend to Signed Graph Embeddings, *Discrite Mathematics* 94 (1991) 233–238.

[61] J. Siran and M, Skoviera, Characterization of the Maximum Genus of a Signed Graph, *Journal of Combinatorial Theory* Series B (52) (1991) 124–146.

[62] R. Srikant and Tamer Başar, Sequential Decomposition and Policy Iteration Schemes for M-Player Games with Partial Weak Coupling, *Automatica* 28 (1) (1992) 95–105.

[63] 鈴木光男, 新ゲーム理論 (1994), 勁草書房.

[64] V. B. Vilkov, Composition of Games without Side Payments, *Cybernetics* 16 (2) (1980) 303–308.

[65] M. Wang, K. W. Hipel and N. M. Fraser, Modeling Misperceptions in Games, *Behavioral Science* 33 (1988) 207–223.

[66] M. Wang, K. W. Hipel and N. M. Fraser, Solution Concepts in Hypergames, *Applied Mathematics and Computation* 34 (3) (1989) 147–171.

[67] T. Zaslavsky, Orientation Embedding of Signed Graph, *Journal of Graph Theory* 16 (5) (1992) 399–422.

おわりに

　私たちの感情や認識は私たちの意思決定にさまざまな形で入り込んでいる，というのが著者自身の感覚である．本書では，この感情と認識がどのように意思決定に関わっているのかを扱っている理論を紹介した．
　第Ⅰ部「感情と競争の戦略」では，ソフトゲーム理論の考えに基づいて，主体が持っている感情と情報の信頼性の間の関係が扱われた．「感情は情報の信頼性を高める作用を持つ」というのが基本的な仮定であり，そこから，個人の合理性と社会の効率性の矛盾が克服される可能性が示された．第Ⅱ部では，主体の選好の変化と感情との関係が論じられた．「感情は説得を成功に導く」という仮定から交渉整合性の概念が導かれ，さらに，交渉整合性の概念は社会心理学における感情の安定性の理論と結び付いた．第Ⅲ部では，主体の相互認識が扱われた．他の主体も自分と同様な認識の仕方をし，同様な方法で意思決定を行うと考えていて，さらに状況を必要十分な認識で捉えようとしている主体を想定し，意思決定状況を捉えた．主体の間の情報交換とそれに伴う認識の変化を扱うための枠組が構築され，すべての主体の認識を変化させないような情報としての相互認識的均衡も定義された．相互認識的均衡はナッシュ均衡と深い関わりを持っているのであった．
　感情や認識といった主体の側面と意思決定の間の関係を論じた理論は，本書で紹介したものだけではもちろんない．第Ⅰ部で扱ったソフトゲーム理論は「ドラマ理論」へと続いているし，伝統的なゲーム理論の中にも「心理ゲーム」という分野がある．また，伝統的なゲーム理論の中の「情報不完備ゲーム」は，ハイパーゲーム理論や相互認識の考え方と同様，主体の認識について扱う枠組である．これらの枠組を結び付け，主体の主観的な意思決定を扱うための統一的な理論を構築することが今後の課題となろう．
　もちろん，意思決定に関わる理論の間だけの融合ではなく，他分野との相互作用も重要であろう．本書の内容の範囲では，第Ⅱ部で，社会心理学におけるハイダーやニューカムによる理論と意思決定理論が，グラフ理論という数理的な枠組の力を用いることで結び付いたという融合を見ることができる．また，第Ⅲ

部の相互認識に関する議論は，人工知能や機械学習の分野と容易に結び付きそうである．もちろん，分離可能性や集群化可能性の概念などは，数理社会学や政治学，文化人類学などとも親和性が高いし，意思決定理論自体と法学とのつながりも見逃せない．

　著者は，本書および姉妹書「柔軟性と合理性 ― 競争と社会の非合理戦略 I」が，上記のようなさまざまな発展の基礎となることを願っている．もちろん著者自身もこの発展に寄与していくつもりであるが，読者の皆さんの中のより多くの人がこの分野に少しでも興味を持ち，この分野の研究が活発になっていけばと思う．

　最後になったが，この本の企画を快く承諾してくださった勁草書房編集部の方々，特に宮本詳三氏には，厚くお礼を申し上げたい．また，いつも支えてくれている家族のみんなに感謝したい．本当にありがとう．

2001 年 12 月 1 日

猪 原 健 弘

索 引

ア行

安定, 9, 15, 67, 69, 95, 108
安定信用性, 189

意思決定集団, 73, 74, 98
一対一関数, 150
一般ハイパーゲーム, 131, 138
一般ハイパーゲームでのナッシュ均
　　　衡, 134, 135, 138
一方的移動, 134
一方的改善, 134

演算, 143

応答関数, 173
脅し, 7, 34, 38, 46
脅しに対する誘惑, 39

カ行

カートライト, 73, 75
会議, 10, 15, 67, 83, 87, 89, 95
会議における交渉整合性, 93
外部不可能性, 186

過半数のルール, 67, 84, 87, 95, 97
感情, i, 3, 4, 7, 8, 10, 11, 14, 19, 21,
　　　28, 44, 45, 48, 67, 69, 83,
　　　85, 89, 95, 107
感情の構造, 10, 15, 67
関数, 26
関数の合成, 27
完全に信用する, 50, 51, 53
完備性, 26

擬−集群化可能性, 110
奇数, 97
客観, 41, 43
競争の意思決定, 3, 7, 8, 11, 14, 19,
　　　21, 28, 34, 44, 123, 143
共通部分, 123, 143, 154, 163, 165
共有知識, 123, 143, 154, 155, 181,
　　　195
虚偽, 174
距離, 27, 100
議論, 100, 103
均衡, 132, 139, 192

空集合, 22

グラフ理論, 15
繰り返し, 100, 103
車選びの会議の状況, 10, 84

ゲーム理論, 173
結果, 130, 159
決選投票, 117
決定関数, 48–50, 174
決定性, 181
献身的な行動, 45, 91

合意している, 53
攻撃的な行動, 45, 91
交渉整合性, 89, 92, 95, 96, 107
合成, 123, 143, 154, 162, 165, 168, 171
肯定的, 8, 9, 44, 91, 109
候補者, 85, 107
効用, 193
合理的結果, 134
個人の合理性と社会の効率性の矛盾, 14, 19, 21, 29, 44, 53, 61
誤認識, 123, 125, 138, 145
誤認識を伴う意思決定状況, 143

サ行

採決, 10, 84, 90
採決のルール, 10, 84, 90
最終選択, 193, 195
差集合, 24

三角不等式, 28

視界, 148, 153, 165
視界関数, 177
支持者, 111
実行関数, 48–50
支配戦略, 31
支配戦略均衡, 31, 33
射影関数, 186
社会心理学, 9, 67, 70
社会の意思決定, 3, 8, 14, 67, 83
集群化可能性, 67, 69, 77, 95, 108
集合, 22
集合の大きさ, 22
集合の分割, 24
囚人のジレンマの状況, 3, 14, 19, 21, 28, 33, 39, 43, 46, 53, 185
柔軟性, ii, 3, 85
主観, i, 3, 11, 13, 14, 41, 43, 47
主観的に信用する, 50, 52, 53, 57
主体, 10, 11, 29, 83, 84, 130, 166
主体の列, 131, 145
主体の列の合成, 146
順序, 25, 173
正直な, 50, 51, 180
情報交換, 7, 10, 15, 19, 21, 28, 34, 44, 48, 67, 83, 84, 89, 95, 107, 123, 139, 165, 172, 174, 185

索 引　　215

情報コンベア, 165, 175
情報の非信頼性, 188
勝利主体, 102
勝利提携, 86, 90, 96
信念の分理性, 187
シンプルゲーム, 86
信用する, 50, 180
信頼性, 7, 19, 21, 37, 46

推移性, 26
推移的, 173
推論関数, 48–50

正規化, 148, 149, 151
正規化関数, 150
正規化関数の合成, 152
制限, 148
整合的, 167
生成, 171
積集合, 24
説得, 11, 67, 83, 85, 89, 90
選挙, 84
選挙集団, 88, 89, 118
選挙集団における交渉整合性, 94
線形順序, 26, 36, 100
選好, 10, 11, 29, 38, 84, 130, 159, 166, 172, 193
全体戦略間関係, 168
選択集団, 88, 89, 107
選択集団における交渉整合性, 93, 107

戦略, 11, 29, 48, 130, 166, 172, 175
戦略間関係, 166–168
戦略コンベア, 176, 182, 192
戦略的な情報操作, 165, 185

相互認識, 14, 123, 140, 143, 144, 165
相互認識的均衡, 15, 124, 165, 192, 194, 195
相互認識を伴う意思決定状況, 123, 143, 165, 172, 179, 185, 192
添え字, 23
ソフトゲーム理論, 14, 19, 21, 34, 44, 48, 175
存在する, 28

タ行

体系関数, 177
体系の安定性, 188
体系の一致安定性, 196
対称性, 28
代替案, 10, 84
妥協, 11, 67, 83, 85, 89, 102
妥協による議論, 103
正しい予想, 195
単純ハイパーゲーム, 126, 130
男女の争いの状況, 11, 133, 185

チキンゲームの状況, 3, 14, 19, 21, 28, 33, 39, 43, 46, 53

逐次認定投票, 118
中心, 100, 101
頂点, 72
直積集合, 25

停滞, 95, 96
デイビス, 79

投票者, 85
特定定理, 147
ドラマ理論, 175

ナ行

内部共有知識, 143, 155, 157, 189, 195
内部不可能性, 186
ナッシュ均衡, 15, 31–33, 124, 132, 133, 165, 193–195

2×2 のゲーム, 34, 53, 57
2段階の認識の修正, 177
ニューカム, 67, 69, 70, 72, 75, 95
ニューカムの意味での安定性, 74, 81
任意の, 28
認識, i, 3, 11, 13, 123, 148, 153, 165
認識安定性, 188
認識安定性による選択一致性, 201
認識関数, 177
認識された実行関数, 48, 50
認識された推論関数, 48, 50

認識体系, 15, 123, 140, 143, 144, 146, 148, 165, 166
認識の更新, 139, 172
認識の修正, 172
認識の選択一致安定性, 195
認識の端点性, 187
認定投票のルール, 67, 86, 88, 95, 107, 117

ハ行

ハイダー, 9, 67, 69, 70, 74, 95
ハイダーの意味での安定性, 74, 78, 98
ハイパーゲーム, 125, 132, 138
ハイパーゲーム理論, 15, 123, 143
ハラリー, 73, 75
バランス理論, 9, 70
パレート最適, 31–33, 185
反射的, 173
反対称性, 26

悲観集合, 98
非合理戦略, ii, 3, 11, 14, 19, 123
非説得性, 189
否定的, 8, 9, 44, 91, 109
非負性, 27
標準形ゲーム, 29, 34, 130, 133, 143, 166, 167
広さ, 100, 101

符号, 72
符号付きグラフ, 67, 69, 72, 87, 95
不信, 174
部分集合, 23
部分集合の族, 23
分解, 123, 154, 165
分離可能性, 67, 69, 76, 95

べき集合, 23
辺, 72

マ行

モーメント, 175
モーメントコンベア, 176, 182
問題認識, 10, 84, 90

ヤ行

約束, 7, 34, 38, 46

約束に対する誘惑, 38

唯一存在する, 27
誘導戦略, 19, 34, 37, 175
誘導戦略コンベア, 176, 183
誘惑, 38, 43, 46

要素, 22

ラ行

ルール, 173, 175
ルールコンベア, 176, 183, 186
ルールの合理性, 193

論理的な, 180, 197

ワ行

和集合, 24

著者略歴

東京工業大学大学院社会理工学研究科価値システム専攻 教授．東京都国立市にある桐朋高校を卒業後，東京工業大学に進学．1992年に東京工業大学 理学部数学科を卒業し，同大学大学院総合理工学研究科システム科学専攻に進学，1997年に博士（理学）の学位を受ける．日本学術振興会の特別研究員（PD），東京工業大学大学院総合理工学研究科知能システム科学専攻 助手，同大学大学院社会理工学研究科価値システム専攻 講師，助教授，准教授を経て，現職．
専門分野は社会システムモデリング．著書に『合理性と柔軟性』（勁草書房，2002年），編著書に『合意形成学』（勁草書房，2011年）がある．

感情と認識　競争と社会の非合理戦略 II

2002年2月15日　第1版第1刷発行
2014年3月10日　第1版第2刷発行

著　者　猪　原　健　弘
　　　　いの　はら　たけ　ひろ

発行者　井　村　寿　人

発行所　株式会社　勁　草　書　房
　　　　　　　　　けい　そう　しょ　ぼう

112-0005　東京都文京区水道 2-1-1　振替 00150-2-175253
　　　　　（編集）電話 03-3815-5277／FAX 03-3814-6968
　　　　　（営業）電話 03-3814-6861／FAX 03-3814-6854
　　　　　　　　　　　　　　　　　　　理想社・牧製本

ⓒ INOHARA Takehiro　2002

ISBN 4-326-50223-1　Printed in Japan

JCOPY〈㈳出版者著作権管理機構　委託出版物〉
本書の無断複写は著作権法上での例外を除き禁じられています．複写される場合は，そのつど事前に，㈳出版者著作権管理機構（電話 03-3513-6969、FAX 03-3513-6979、e-mail: info@jcopy.or.jp）の許諾を得てください．

＊落丁本・乱丁本はお取替いたします．

http://www.keisoshobo.co.jp

I. ギルボア，D. シュマイドラー／浅野貴央・尾山大輔・松井彰彦訳
決め方の科学――事例ベース意思決定理論　　A5判　3,200円
　　　　　　　　　　　　　　　　　　　　　　　　50259-2

中山幹夫・船木由喜彦・武藤滋夫
協力ゲーム理論　　A5判　2,800円
　　　　　　　　　　50304-9

中山幹夫
協力ゲームの基礎と応用　　A5判　2,800円
　　　　　　　　　　　　　　50369-8

中山幹夫
社会的ゲームの理論入門　　A5判　2,800円
　　　　　　　　　　　　　　50267-7

今井晴雄・岡田章編著
ゲーム理論の応用　　A5判　3,200円
　　　　　　　　　　　50268-4

今井晴雄・岡田章編著
ゲーム理論の新展開　　A5判　3,100円
　　　　　　　　　　　　50227-1

R. J. オーマン／丸山徹・立石寛訳
ゲーム論の基礎　　A5判　3,300円
　　　　　　　　　　93198-9

K. J. アロー／長名寛明訳
社会的選択と個人的評価　第三版　　A5判　3,200円
　　　　　　　　　　　　　　　　　　50373-5

　　　　　　　　　　　　　　　　　　　　　　　　勁草書房刊

＊表示価格は 2014 年 3 月現在，消費税は含まれていません。